続・図解
「素数玉手箱」

藤上輝之
Teruyuki Fujikami

文芸社

まえがき

前著の“まえがきで”、「永遠に増大し続けるので人知では到底追いつけないその巨大さが、素数の威力の根源である」ことを指摘しました。

現在進行中のスーパーコンピューターの飛躍的な性能向上次第では、1京桁をはるかに凌駕する超巨大素数の発見も夢物語ではありません。

とはいえ、超高性能スパコン開発競争に象徴される科学技術の進歩と人類による“地球環境破壊”の愚行は、まさにパラレルな関係を有しています。いまこそ、こうした悪循環を断ち切る人類の英知が求められているのではないのでしょうか。

本書では、$2^{74'207'281}-1$クラスの巨大素数が相対的に‘塵あくた’に見えるほどの超々巨大素数を追跡する手法を提示しています。

しかも、AIを一切あてにせずに人的脳力のみを用いてこの成果にたどり着けたことは、望外の喜びです。

前回と今回の執筆に際し、素数に関してズブの素人の筆者に豊富な基礎的知見と貴重な素数データを提供してくれた参考文献は、下記の二つです。

一つは、『プライムナンバーズ――魅惑的で楽しい素数の事典』
David Wells（著） 伊知地 宏（監訳） さかいなおみ（訳）
発行元；オライリージャパン

二つめは、『P――素数表150000個』
真実のみを記述する会（著） 星野 加奈（発行者）
発行所；暗黒通信団

とくに後者は、『多脚素数』の実質的な出発点となる『8脚素数』の実在を明らかにしています。その英知と労作に敬意を表します。

目　次

続・玉手箱その６

メルセンヌ素数・図解五十景

■メルセンヌ素数の魅力再考

既に判明しているメルセンヌ素数は、No.1の2^2-1からNo.49の$2^{74,207,281}-1$迄の49個です。

メルセンヌ素数の一般式は次のように表記されます。

$$2^n-1=2(2^{n-1}+1)-3$$

ほれぼれするようなスマートさですね。

この式で、nが素数、かつ、2^n-1も素数であることが、メルセンヌ素数の成立条件です。−3を移項すれば、

$$2(2^{n-1}+1)=(2^n-1)+3$$

が得られます。この式がまた不可思議なオーラを発散しているような気がします。それは、この定数の3が実は「メルセンヌ素数No.1」でもあることに起因しています。

ゴールドバッハ予想を引用するまでもなく、$2(2^{n-1}+1)$ はnが大きくなればなるほど数多くの素数和を持つようになります。

その中でもこの『$(2^n-1)+3$』は、“脚（あし）”が最長の$\pm(2^{n-1}-2)$の時に生じる“最長脚素数和”であることに他なりません。

このことに付随して、“最長脚素数積”が『$3(2^n-1)$』であること、また、完全数が$2^{n-1}(2^n-1)$ であることも分かります。

■作図方法の説明

現在までに判明している49個のメルセンヌ素数を図解するにあたり、作図の一般的な方法を前もって以下に説明しておきます。

まず始めに、一辺が（$2^{n-1}+1$）の正方形を用意します。（下図参照）

この正方形の左上隅から、一辺が（$2^{n-1}-2$）のやや小さめの正方形を取り除くと、その跡に巾3の山型図形が残ります。

この山型図形の立ち上がり部分【巾；3、高さ；$2^{n-1}-2$】を右下方向に回転させながら移動して短辺3の細長い矩形に置き換えたときの長辺が、メルセンヌ素数（2^n-1）に該当します。

ここで得られた細長い矩形の長短辺の和が「最長脚素数和」に、また積が「最長脚素数積」に相当します。

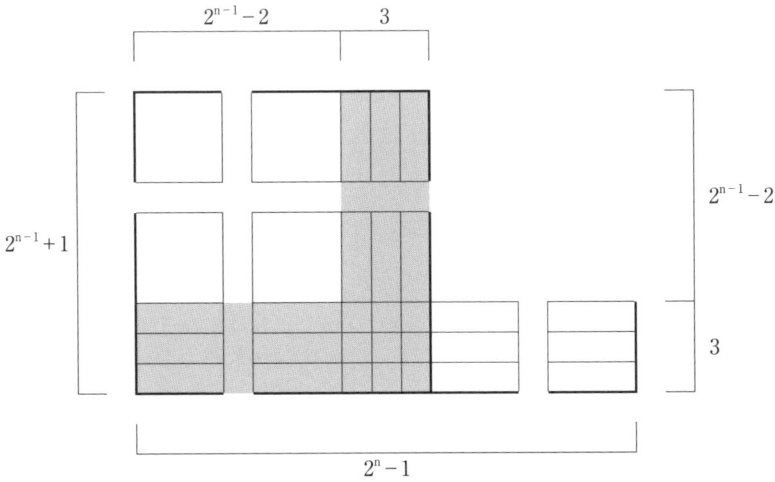

図6-1　メルセンヌ素数（一般形）の図解

■メルセンヌ素数 No.1

メルセンヌ素数No.1は、$M_2 = 2^2 - 1$です。

一般形の図解が当てはまるのは No.2以降の場合であり、No.1だけは特殊です。

ここでは、一辺が$2^1 + 1$の正方形を用意します。(下図参照)

この正方形の左上隅から取り除くべき別の正方形はありません。正方形の一辺そのものがメルセンヌ素数No.1に該当します。

このことは、脚が±0の特殊ケースであることに起因しているのです。

素数和は $(2^2 - 1) + (2^2 - 1) = 3 + 3$で、素数積は $(2^2 - 1) * (2^2 - 1) = 3*3$です。

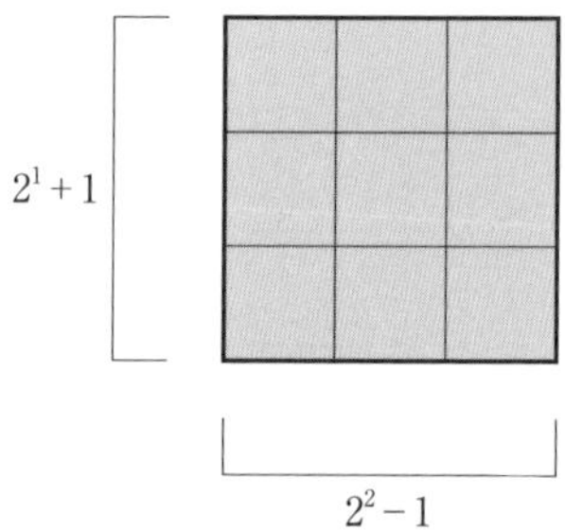

図6-2　メルセンヌ素数 No.1の図解

■メルセンヌ素数 No.2

メルセンヌ素数No.2は、$M_3=2^3-1$です。

ここでは、一辺が（2^2+1）の正方形を用意します。（下図参照）

この正方形の左上隅から、一辺が（2^2-2）のやや小さめの正方形を取り除くと、その跡に巾3の山型図形が残ります。

この山型図形の立ち上がり部分【巾；3、高さ；2^2-2】を右下方向に回転させながら移動して短辺3の細長い矩形に置き換えたときの長辺が、メルセンヌ素数（2^3-1）に該当します。

ここで得られた細長い矩形の長短辺の和が「最長脚素数和」に、また積が「最長脚素数積」に相当します。最長脚は±（2^2-2）です。

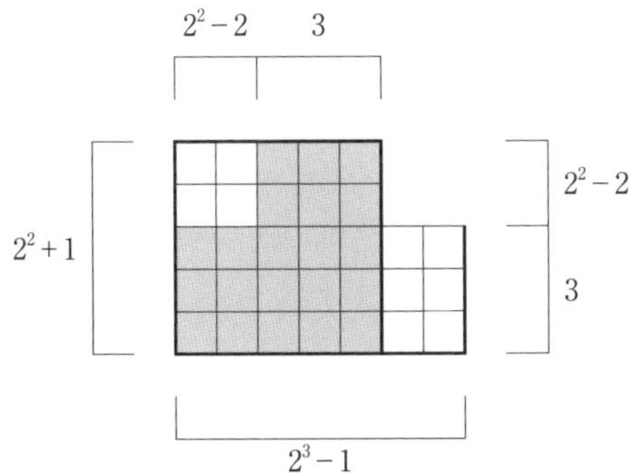

図6-3　メルセンヌ素数 No.2の図解

■メルセンヌ素数 No.3

メルセンヌ素数No.3は、$M_5 = 2^5 - 1$です。

ここでは、一辺が$2^4 + 1$の正方形を用意します。(下図参照)

この正方形の左上隅から、一辺が（$2^4 - 2$）のやや小さめの正方形を取り除くと、その跡に巾3の山型図形が残ります。

この山型図形の立ち上がり部分【巾；3、高さ；$2^4 - 2$】を右下方向に回転させながら移動して短辺3の細長い矩形に置き換えたときの長辺が、メルセンヌ素数（$2^5 - 1$）に該当します。

ここで得られた細長い矩形の長短辺の和が「最長脚素数和」に、また積が「最長脚素数積」に相当します。最長脚は±（$2^4 - 2$）です。

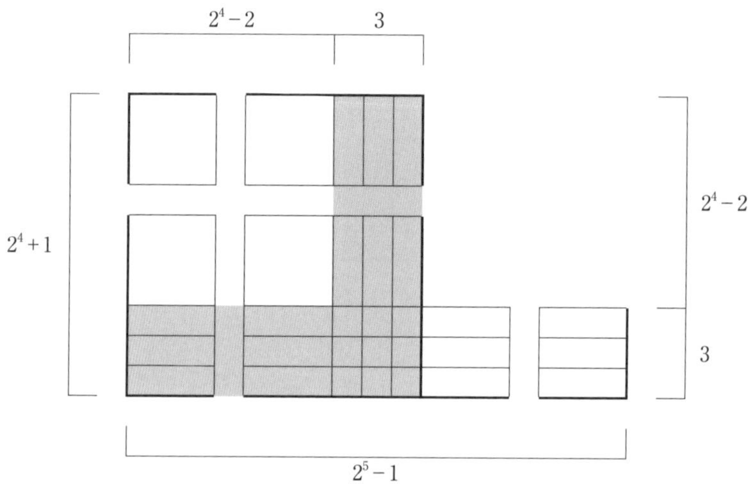

図6-4　メルセンヌ素数 No.3の図解

■メルセンヌ素数 No.4

メルセンヌ素数No.4は、$M_7 = 2^7 - 1$です。

ここでは、一辺が$2^6 + 1$の正方形を用意します。（下図参照）

この正方形の左上隅から、一辺が（$2^6 - 2$）のやや小さめの正方形を取り除くと、その跡に巾3の山型図形が残ります。

この山型図形の立ち上がり部分【巾；3、高さ；$2^6 - 2$】を右下方向に回転させながら移動して短辺3の細長い矩形に置き換えたときの長辺が、メルセンヌ素数（$2^7 - 1$）に該当します。

ここで得られた細長い矩形の長短辺の和（$2^7 - 1$）$+3$が、$2(2^6 + 1)$の「最長脚素数和」に、また積$3(2^7 - 1)$が「最長脚素数積」に相当します。

最長脚は$\pm(2^6 - 2)$です。

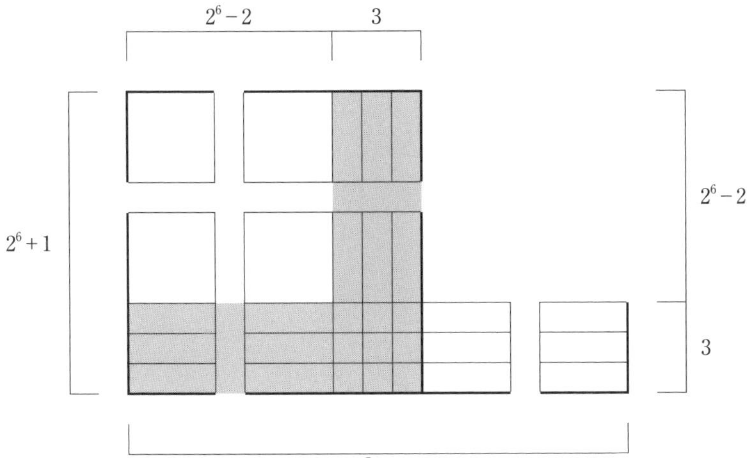

図6-5　メルセンヌ素数 No.4の図解

■メルセンヌ素数 No.5

メルセンヌ素数No.5は、$M_{13}=2^{13}-1$です。

ここでは、一辺が$2^{12}+1$の正方形を用意します。(下図参照)

この正方形の左上隅から、一辺が（$2^{12}-2$）のやや小さめの正方形を取り除くと、その跡に巾3の山型図形が残ります。

この山型図形の立ち上がり部分【巾；3、高さ；$2^{12}-2$】を右下方向に回転させながら移動して短辺3の細長い矩形に置き換えたときの長辺が、メルセンヌ素数（$2^{13}-1$）に該当します。

ここで得られた細長い矩形の長短辺の和（$2^{13}-1$）$+3$が、$2(2^{12}+1)$の「最長脚素数和」に、また積$3(2^{13}-1)$が「最長脚素数積」に相当します。

最長脚は$\pm$（$2^{12}-2$）です。

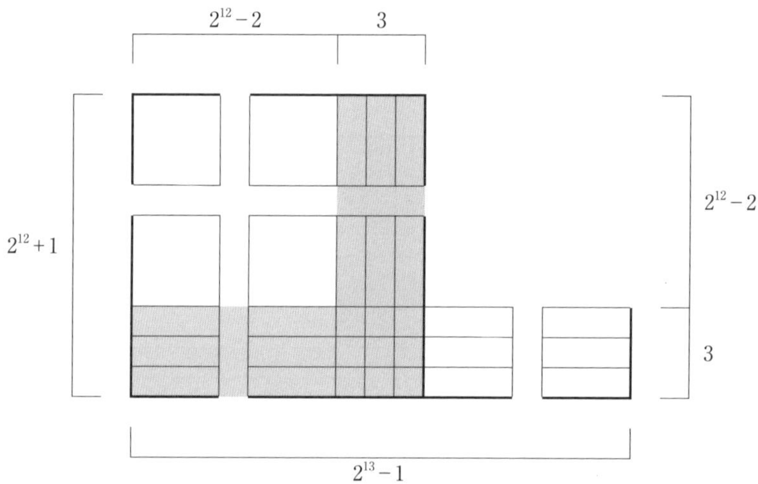

図6-6　メルセンヌ素数 No.5の図解

■メルセンヌ素数 No.6

メルセンヌ素数No.6は、$M_{17}=2^{17}-1$です。

ここでは、一辺が$2^{16}+1$の正方形を用意します。(下図参照)

この正方形の左上隅から、一辺が($2^{16}-2$)のやや小さめの正方形を取り除くと、その跡に巾3の山型図形が残ります。

この山型図形の立ち上がり部分【巾;3、高さ;$2^{16}-2$】を右下方向に回転させながら移動して短辺3の細長い矩形に置き換えたときの長辺が、メルセンヌ素数($2^{17}-1$)に該当します。

ここで得られた細長い矩形の長短辺の和($2^{17}-1$)+3が、$2(2^{16}+1)$の「最長脚素数和」に、また積$3(2^{17}-1)$が「最長脚素数積」に相当します。

最長脚は±($2^{16}-2$)です。

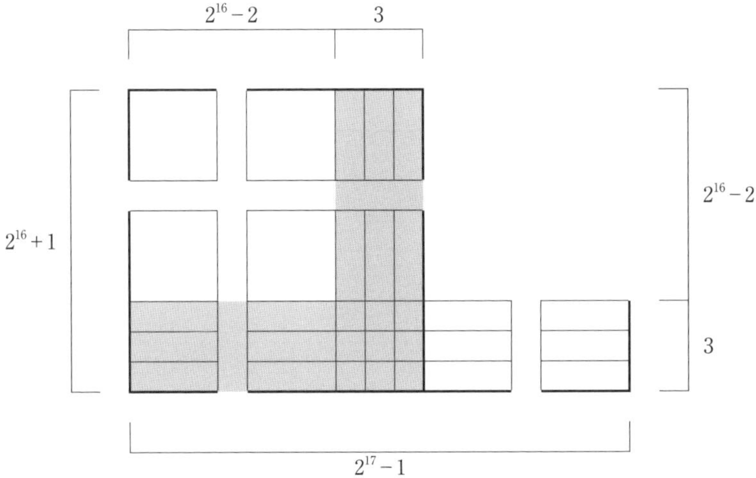

図6-7 メルセンヌ素数 No.6の図解

■メルセンヌ素数 No.7

メルセンヌ素数No.7は、$M_{19}=2^{19}-1$です。

ここでは、一辺が$2^{18}+1$の正方形を用意します。（下図参照）

この正方形の左上隅から、一辺が（$2^{18}-2$）のやや小さめの正方形を取り除くと、その跡に巾3の山型図形が残ります。

この山型図形の立ち上がり部分【巾；3、高さ；$2^{18}-2$】を右下方向に回転させながら移動して短辺3の細長い矩形に置き換えたときの長辺が、メルセンヌ素数（$2^{19}-1$）に該当します。

ここで得られた細長い矩形の長短辺の和（$2^{19}-1$）+3が、$2(2^{18}+1)$の「最長脚素数和」に、また積$3(2^{19}-1)$が「最長脚素数積」に相当します。

最長脚は±（$2^{18}-2$）です。

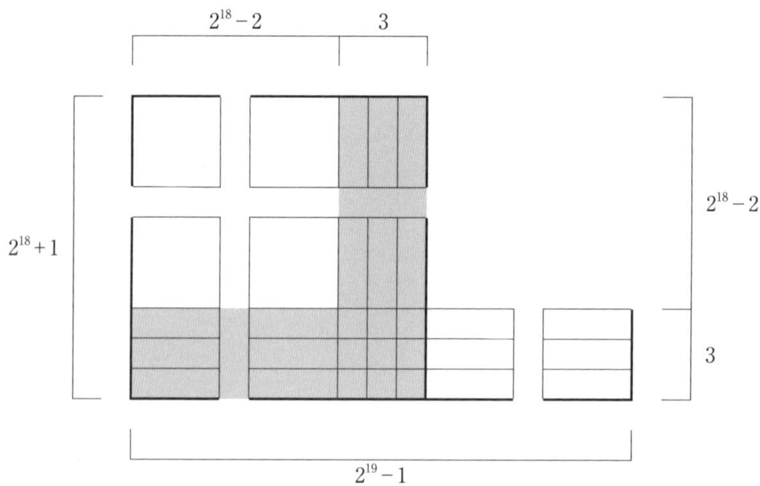

図6-8　メルセンヌ素数 No.7の図解

■メルセンヌ素数 No.8

メルセンヌ素数No.8は、$M_{31}=2^{31}-1$です。

ここでは、一辺が$2^{30}+1$の正方形を用意します。(下図参照)

この正方形の左上隅から、一辺が（$2^{30}-2$）のやや小さめの正方形を取り除くと、その跡に巾3の山型図形が残ります。

この山型図形の立ち上がり部分【巾；3、高さ；$2^{30}-2$】を右下方向に回転させながら移動して短辺3の細長い矩形に置き換えたときの長辺が、メルセンヌ素数（$2^{31}-1$）に該当します。

ここで得られた細長い矩形の長短辺の和（$2^{31}-1$）+3が、$2(2^{30}+1)$の「最長脚素数和」に、また積$3(2^{31}-1)$が「最長脚素数積」に相当します。

最長脚は$\pm(2^{30}-2)$です。

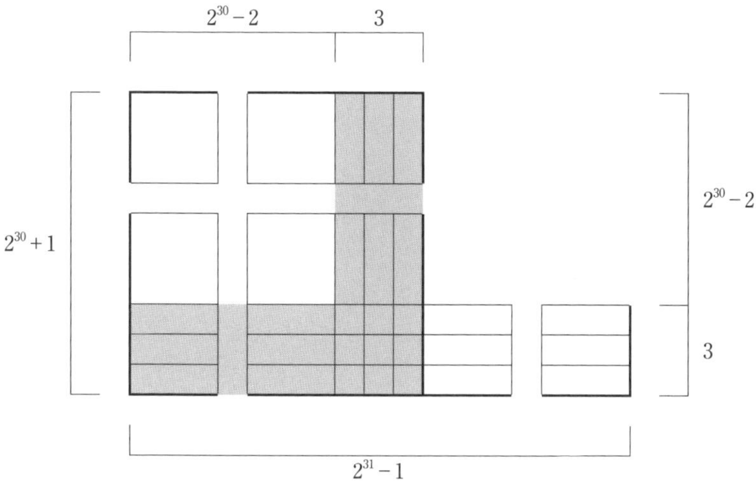

図6-9　メルセンヌ素数 No.8の図解

■メルセンヌ素数 №9

メルセンヌ素数№9は、$M_{61}=2^{61}-1$です。

ここでは、一辺が$2^{60}+1$の正方形を用意します。(下図参照)

この正方形の左上隅から、一辺が($2^{60}-2$)のやや小さめの正方形を取り除くと、その跡に巾3の山型図形が残ります。

この山型図形の立ち上がり部分【巾;3、高さ;$2^{60}-2$】を右下方向に回転させながら移動して短辺3の細長い矩形に置き換えたときの長辺が、メルセンヌ素数($2^{61}-1$)に該当します。

ここで得られた細長い矩形の長短辺の和($2^{61}-1$)+3が、$2(2^{60}+1)$の「最長脚素数和」に、また積$3(2^{61}-1)$が「最長脚素数積」に相当します。

最長脚は±($2^{60}-2$)です。

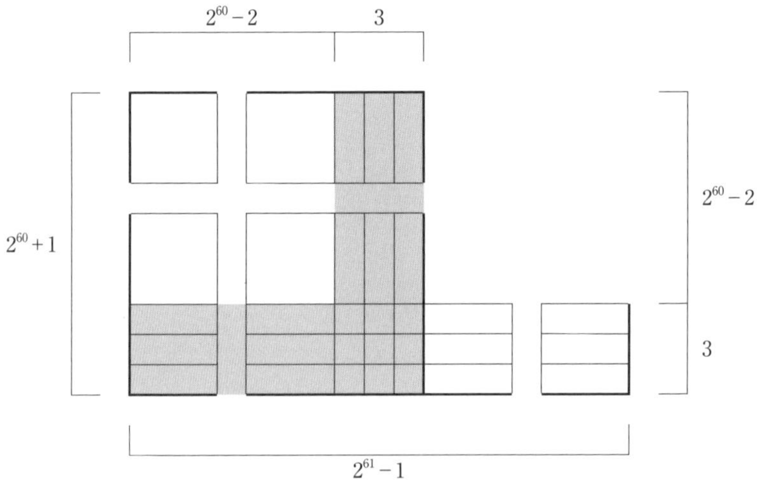

図6-10　メルセンヌ素数 №9の図解

■メルセンヌ素数 No.10

メルセンヌ素数No.10は、$M_{89}=2^{89}-1$です。

ここでは、一辺が$2^{88}+1$の正方形を用意します。(下図参照)

この正方形の左上隅から、一辺が($2^{88}-2$)のやや小さめの正方形を取り除くと、その跡に巾3の山型図形が残ります。

この山型図形の立ち上がり部分【巾；3、高さ；$2^{88}-2$】を右下方向に回転させながら移動して短辺3の細長い矩形に置き換えたときの長辺が、メルセンヌ素数($2^{89}-1$)に該当します。

ここで得られた細長い矩形の長短辺の和($2^{89}-1$)+3が、$2(2^{88}+1)$の「最長脚素数和」に、また積$3(2^{89}-1)$が「最長脚素数積」に相当します。

最長脚は$\pm(2^{88}-2)$です。

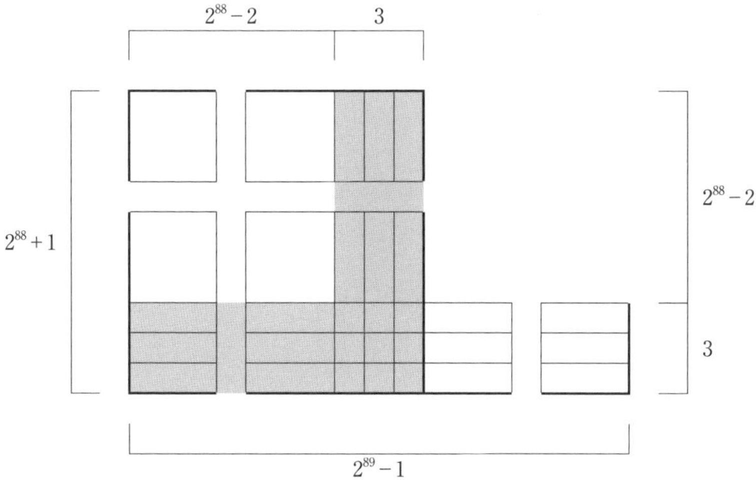

図6-11　メルセンヌ素数 No.10の図解

■メルセンヌ素数 No.11

メルセンヌ素数No.11は、$M_{107}=2^{107}-1$です。

ここでは、一辺が$2^{106}+1$の正方形を用意します。（下図参照）

この正方形の左上隅から、一辺が（$2^{106}-2$）のやや小さめの正方形を取り除くと、その跡に巾3の山型図形が残ります。

この山型図形の立ち上がり部分【巾；3、高さ；$2^{106}-2$】を右下方向に回転させながら移動して短辺3の細長い矩形に置き換えたときの長辺が、メルセンヌ素数（$2^{107}-1$）に該当します。

ここで得られた細長い矩形の長短辺の和（$2^{107}-1$）+3が、2($2^{106}+1$）の「最長脚素数和」に、また積3($2^{107}-1$）が「最長脚素数積」に相当します。

最長脚は±($2^{106}-2$）です。

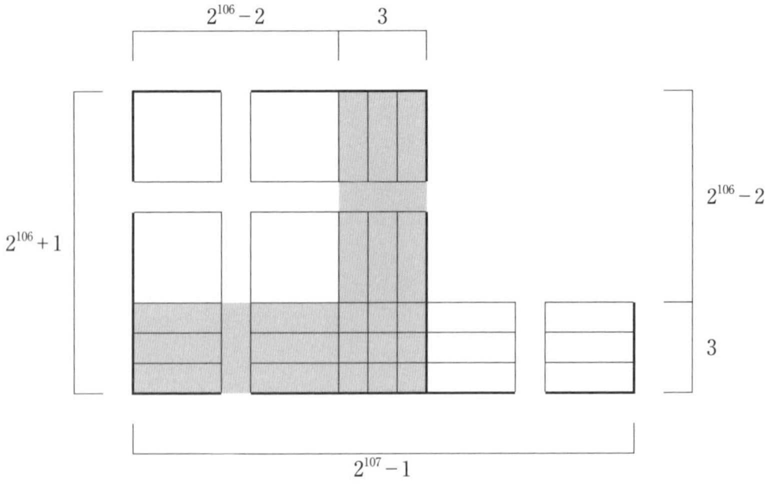

図6-12　メルセンヌ素数 No.11の図解

■メルセンヌ素数 №12

メルセンヌ素数№12は、$M_{127} = 2^{127} - 1$です。

ここでは、一辺が$2^{126} + 1$の正方形を用意します。（下図参照）

この正方形の左上隅から、一辺が（$2^{126} - 2$）のやや小さめの正方形を取り除くと、その跡に巾3の山型図形が残ります。

この山型図形の立ち上がり部分【巾；3、高さ；$2^{126} - 2$】を右下方向に回転させながら移動して短辺3の細長い矩形に置き換えたときの長辺が、メルセンヌ素数（$2^{127} - 1$）に該当します。

ここで得られた細長い矩形の長短辺の和（$2^{127} - 1$）+3が、$2(2^{126} + 1)$の「最長脚素数和」に、また積$3(2^{127} - 1)$が「最長脚素数積」に相当します。

最長脚は$\pm(2^{126} - 2)$です。

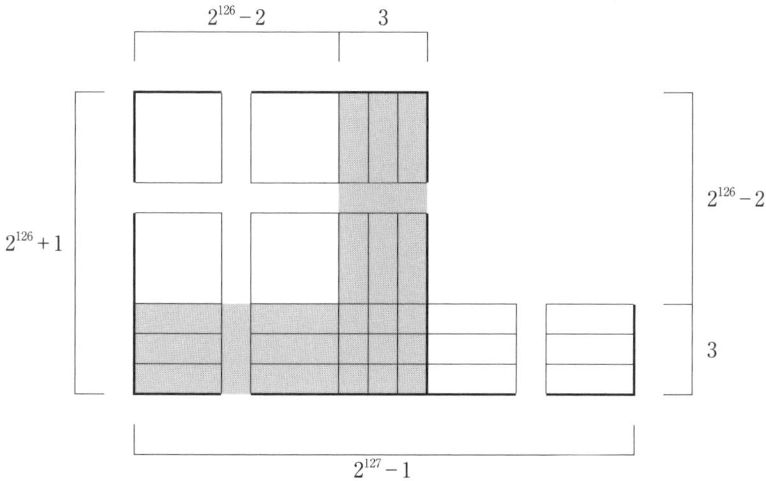

図6-13　メルセンヌ素数 №12の図解

■メルセンヌ素数 No.13

メルセンヌ素数No.13は、$M_{521}=2^{521}-1$です。

ここでは、一辺が$2^{520}+1$の正方形を用意します。（下図参照）

この正方形の左上隅から、一辺が（$2^{520}-2$）のやや小さめの正方形を取り除くと、その跡に巾3の山型図形が残ります。

この山型図形の立ち上がり部分【巾；3、高さ；$2^{520}-2$】を右下方向に回転させながら移動して短辺3の細長い矩形に置き換えたときの長辺が、メルセンヌ素数（$2^{521}-1$）に該当します。

ここで得られた細長い矩形の長短辺の和（$2^{521}-1$）$+3$が、$2(2^{520}+1)$の「最長脚素数和」に、また積$3(2^{521}-1)$が「最長脚素数積」に相当します。

最長脚は$\pm(2^{520}-2)$です。

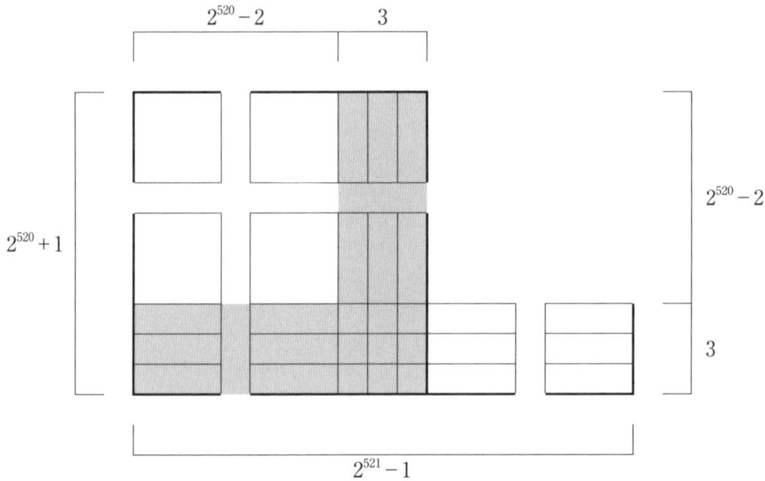

図6-14　メルセンヌ素数 No.13の図解

■メルセンヌ素数 No.14

メルセンヌ素数No.14は、$M_{607}=2^{607}-1$です。

ここでは、一辺が$2^{606}+1$の正方形を用意します。(下図参照)

この正方形の左上隅から、一辺が($2^{606}-2$)のやや小さめの正方形を取り除くと、その跡に巾3の山型図形が残ります。

この山型図形の立ち上がり部分【巾;3、高さ;$2^{606}-2$】を右下方向に回転させながら移動して短辺3の細長い矩形に置き換えたときの長辺が、メルセンヌ素数($2^{607}-1$)に該当します。

ここで得られた細長い矩形の長短辺の和($2^{607}-1$)+3が、$2(2^{606}+1)$の「最長脚素数和」に、また積$3(2^{607}-1)$が「最長脚素数積」に相当します。

最長脚は±($2^{606}-2$)です。

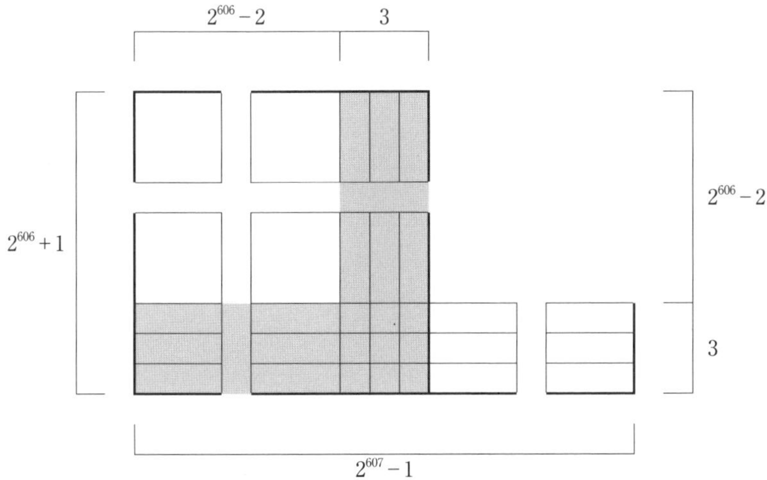

図6-15　メルセンヌ素数 No.14の図解

■メルセンヌ素数 No.15

メルセンヌ素数No.15は、$M_{1,279}=2^{1,279}-1$です。

ここでは、一辺が$2^{1,278}+1$の正方形を用意します。(下図参照)

この正方形の左上隅から、一辺が（$2^{1,278}-2$）のやや小さめの正方形を取り除くと、その跡に巾3の山型図形が残ります。

この山型図形の立ち上がり部分【巾；3、高さ；$2^{1,278}-2$】を右下方向に回転させながら移動して短辺3の細長い矩形に置き換えたときの長辺が、メルセンヌ素数（$2^{1,279}-1$）に該当します。

ここで得られた細長い矩形の長短辺の和（$2^{1,279}-1$）+3が、$2(2^{1,278}+1)$の「最長脚素数和」に、また積$3(2^{1,279}-1)$が「最長脚素数積」に相当します。

最長脚は$\pm(2^{1,278}-2)$です。

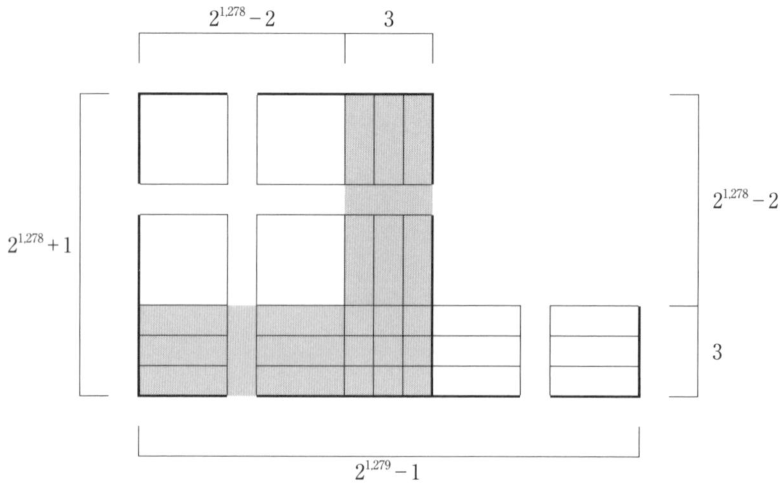

図6-16　メルセンヌ素数 No.15の図解

■メルセンヌ素数 No.16

メルセンヌ素数No.16は、$M_{2,203}=2^{2,203}-1$です。

ここでは、一辺が$2^{2,202}+1$の正方形を用意します。（下図参照）

この正方形の左上隅から、一辺が（$2^{2,202}-2$）のやや小さめの正方形を取り除くと、その跡に巾3の山型図形が残ります。

この山型図形の立ち上がり部分【巾；3、高さ；$2^{2,202}-2$】を右下方向に回転させながら移動して短辺3の細長い矩形に置き換えたときの長辺が、メルセンヌ素数（$2^{2,203}-1$）に該当します。

ここで得られた細長い矩形の長短辺の和（$2^{2,203}-1$）$+3$が、$2(2^{2,202}+1)$の「最長脚素数和」に、また積$3(2^{2,203}-1)$が「最長脚素数積」に相当します。

最長脚は$\pm(2^{2,202}-2)$です。

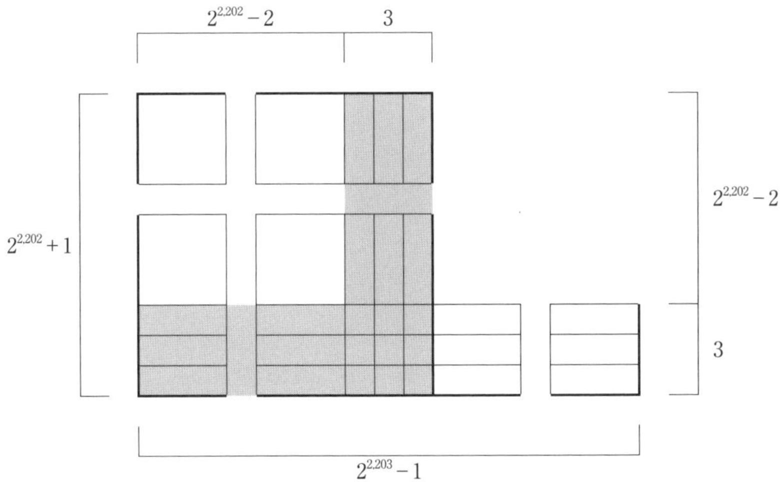

図6-17　メルセンヌ素数 No.16の図解

■メルセンヌ素数 No.17

メルセンヌ素数No.17は、$M_{2,281}=2^{2,281}-1$です。

ここでは、一辺が$2^{2,280}+1$の正方形を用意します。（下図参照）

この正方形の左上隅から、一辺が（$2^{2,280}-2$）のやや小さめの正方形を取り除くと、その跡に巾3の山型図形が残ります。

この山型図形の立ち上がり部分【巾；3、高さ；$2^{2,280}-2$】を右下方向に回転させながら移動して短辺3の細長い矩形に置き換えたときの長辺が、メルセンヌ素数（$2^{2,281}-1$）に該当します。

ここで得られた細長い矩形の長短辺の和（$2^{2,281}-1$）+3が、$2(2^{2,280}+1)$の「最長脚素数和」に、また積$3(2^{2,281}-1)$が「最長脚素数積」に相当します。

最長脚は±（$2^{2,280}-2$）です。

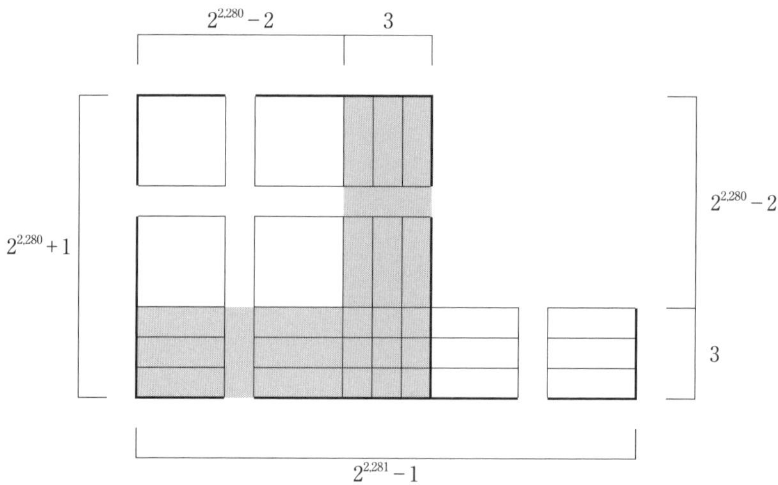

図6-18　メルセンヌ素数 No.17の図解

■メルセンヌ素数 No.18

メルセンヌ素数No.18は、$M_{3,217}=2^{3,217}-1$です。

ここでは、一辺が$2^{3,216}+1$の正方形を用意します。（下図参照）

この正方形の左上隅から、一辺が（$2^{3,216}-2$）のやや小さめの正方形を取り除くと、その跡に巾3の山型図形が残ります。

この山型図形の立ち上がり部分【巾；3、高さ；$2^{3,216}-2$】を右下方向に回転させながら移動して短辺3の細長い矩形に置き換えたときの長辺が、メルセンヌ素数（$2^{3,217}-1$）に該当します。

ここで得られた細長い矩形の長短辺の和（$2^{3,217}-1$）+3が、$2(2^{3,216}+1)$の「最長脚素数和」に、また積$3(2^{3,217}-1)$が「最長脚素数積」に相当します。

最長脚は±（$2^{3,216}-2$）です。

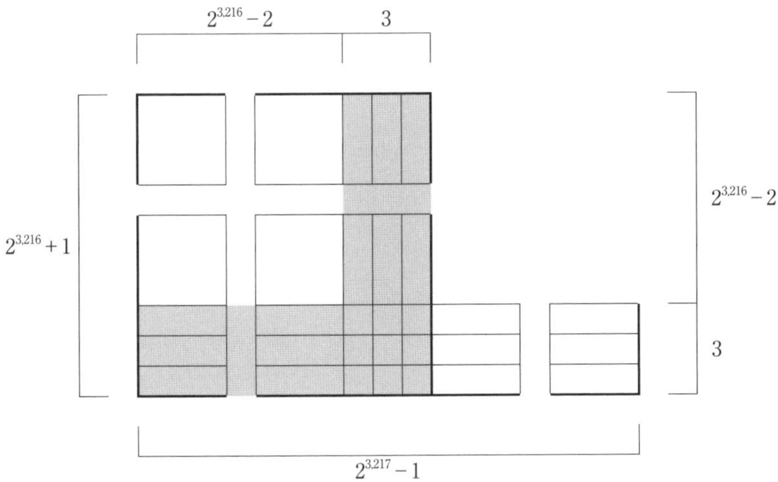

図6-19　メルセンヌ素数 No.18の図解

■メルセンヌ素数 №19

メルセンヌ素数№19は、$M_{4,253}=2^{4,253}-1$です。

ここでは、一辺が$2^{4,252}+1$の正方形を用意します。（下図参照）

この正方形の左上隅から、一辺が（$2^{4,252}-2$）のやや小さめの正方形を取り除くと、その跡に巾3の山型図形が残ります。

この山型図形の立ち上がり部分【巾；3、高さ；$2^{4,252}-2$】を右下方向に回転させながら移動して短辺3の細長い矩形に置き換えたときの長辺が、メルセンヌ素数（$2^{4,253}-1$）に該当します。

ここで得られた細長い矩形の長短辺の和（$2^{4,253}-1$）+3が、$2(2^{4,252}+1)$の「最長脚素数和」に、また積$3(2^{4,253}-1)$が「最長脚素数積」に相当します。

最長脚は±（$2^{4,252}-2$）です。

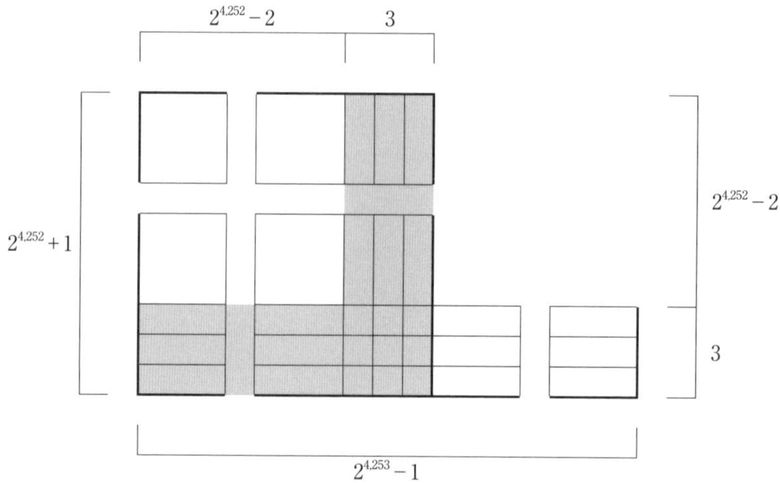

図6-20　メルセンヌ素数 №19の図解

■メルセンヌ素数 №20

メルセンヌ素数№20は、$M_{4,423}=2^{4,423}-1$です。

ここでは、一辺が$2^{4,422}+1$の正方形を用意します。（下図参照）

この正方形の左上隅から、一辺が（$2^{4,422}-2$）のやや小さめの正方形を取り除くと、その跡に巾3の山型図形が残ります。

この山型図形の立ち上がり部分【巾；3、高さ；$2^{4,422}-2$】を右下方向に回転させながら移動して短辺3の細長い矩形に置き換えたときの長辺が、メルセンヌ素数（$2^{4,423}-1$）に該当します。

ここで得られた細長い矩形の長短辺の和（$2^{4,423}-1$）+3が、$2(2^{4,442}+1)$の「最長脚素数和」に、また積$3(2^{4,423}-1)$が「最長脚素数積」に相当します。

最長脚は±（$2^{4,422}-2$）です。

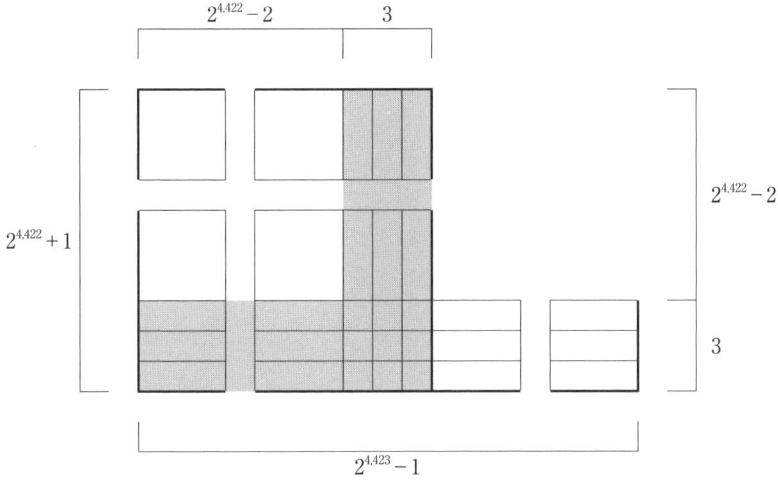

図6-21　メルセンヌ素数 №20の図解

■メルセンヌ素数 №21

メルセンヌ素数№21は、$M_{9,689}=2^{9,689}-1$です。

ここでは、一辺が$2^{9,688}+1$の正方形を用意します。（下図参照）

この正方形の左上隅から、一辺が（$2^{9,688}-2$）のやや小さめの正方形を取り除くと、その跡に巾3の山型図形が残ります。

この山型図形の立ち上がり部分【巾；3、高さ；$2^{9,688}-2$】を右下方向に回転させながら移動して短辺3の細長い矩形に置き換えたときの長辺が、メルセンヌ素数（$2^{9,689}-1$）に該当します。

ここで得られた細長い矩形の長短辺の和（$2^{9,689}-1$）$+3$が、$2(2^{9,688}+1)$の「最長脚素数和」に、また積$3(2^{9,689}-1)$が「最長脚素数積」に相当します。

最長脚は$\pm(2^{9,688}-2)$です。

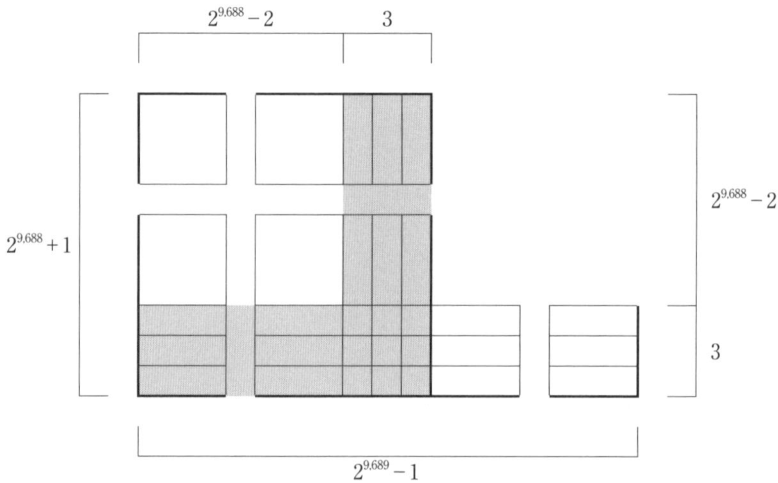

図6-22　メルセンヌ素数 №21の図解

■メルセンヌ素数 No.22

メルセンヌ素数No.22は、$M_{9,941}=2^{9,941}-1$です。

ここでは、一辺が$2^{9,940}+1$の正方形を用意します。(下図参照)

この正方形の左上隅から、一辺が($2^{9,940}-2$)のやや小さめの正方形を取り除くと、その跡に巾3の山型図形が残ります。

この山型図形の立ち上がり部分【巾;3、高さ;$2^{9,940}-2$】を右下方向に回転させながら移動して短辺3の細長い矩形に置き換えたときの長辺が、メルセンヌ素数($2^{9,941}-1$)に該当します。

ここで得られた細長い矩形の長短辺の和($2^{9,941}-1$)+3が、$2(2^{9,940}+1)$の「最長脚素数和」に、また積$3(2^{9,941}-1)$が「最長脚素数積」に相当します。

最長脚は$\pm(2^{9,940}-2)$です。

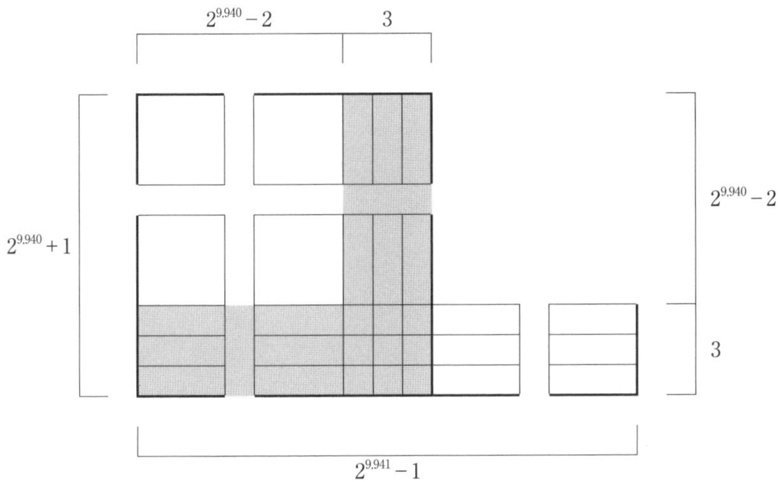

図6-23　メルセンヌ素数 No.22の図解

■メルセンヌ素数 №.23

メルセンヌ素数№.23は、$M_{11,213} = 2^{11,213} - 1$です。

ここでは、一辺が$2^{11,212} + 1$の正方形を用意します。(下図参照)

この正方形の左上隅から、一辺が($2^{11,212} - 2$)のやや小さめの正方形を取り除くと、その跡に巾3の山型図形が残ります。

この山型図形の立ち上がり部分【巾;3、高さ;$2^{11,212} - 2$】を右下方向に回転させながら移動して短辺3の細長い矩形に置き換えたときの長辺が、メルセンヌ素数($2^{11,213} - 1$)に該当します。

ここで得られた細長い矩形の長短辺の和($2^{11,213} - 1$)+3が、$2(2^{11,212} + 1)$の「最長脚素数和」に、また積$3(2^{11,213} - 1)$が「最長脚素数積」に相当します。

最長脚は$\pm(2^{11,212} - 2)$です。

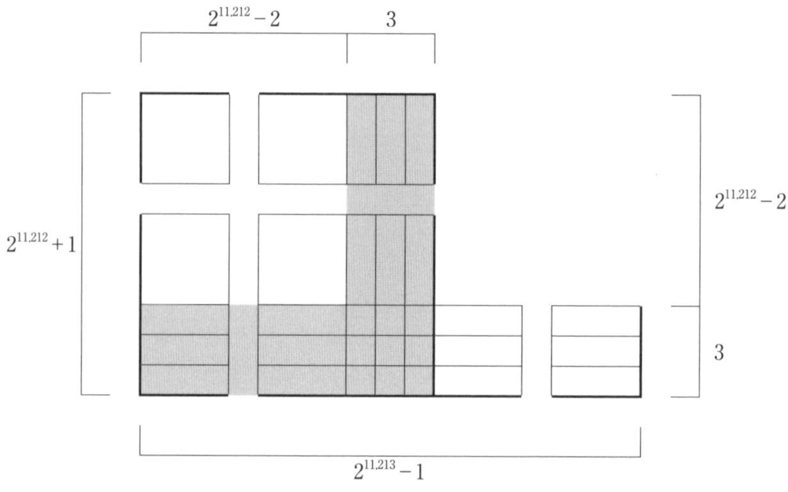

図6-24　メルセンヌ素数 №.23の図解

■メルセンヌ素数 No.24

メルセンヌ素数No.24は、$M_{19,937}=2^{19,937}-1$です。

ここでは、一辺が$2^{19,936}+1$の正方形を用意します。(下図参照)

この正方形の左上隅から、一辺が($2^{19,936}-2$)のやや小さめの正方形を取り除くと、その跡に巾3の山型図形が残ります。

この山型図形の立ち上がり部分【巾;3、高さ;$2^{19,936}-2$】を右下方向に回転させながら移動して短辺3の細長い矩形に置き換えたときの長辺が、メルセンヌ素数($2^{19,937}-1$)に該当します。

ここで得られた細長い矩形の長短辺の和($2^{19,937}-1$)+3が、$2(2^{19,936}+1)$の「最長脚素数和」に、また積$3(2^{19,937}-1)$が「最長脚素数積」に相当します。

最長脚は±($2^{19,936}-2$)です。

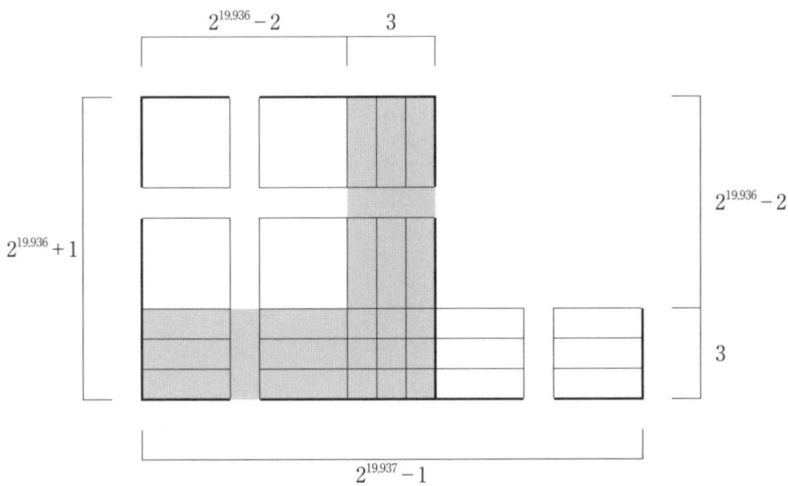

図6-25　メルセンヌ素数 No.24の図解

■メルセンヌ素数 No.25

メルセンヌ素数No.25は、$M_{21,701}=2^{21,701}-1$です。

ここでは、一辺が$2^{21,700}+1$の正方形を用意します。(下図参照)

この正方形の左上隅から、一辺が($2^{21,700}-2$)のやや小さめの正方形を取り除くと、その跡に巾3の山型図形が残ります。

この山型図形の立ち上がり部分【巾;3、高さ;$2^{21,700}-2$】を右下方向に回転させながら移動して短辺3の細長い矩形に置き換えたときの長辺が、メルセンヌ素数($2^{21,701}-1$)に該当します。

ここで得られた細長い矩形の長短辺の和($2^{21,701}-1$)+3が、$2(2^{21,700}+1)$の「最長脚素数和」に、また積$3(2^{21,701}-1)$が「最長脚素数積」に相当します。

最長脚は$\pm(2^{21,700}-2)$です。

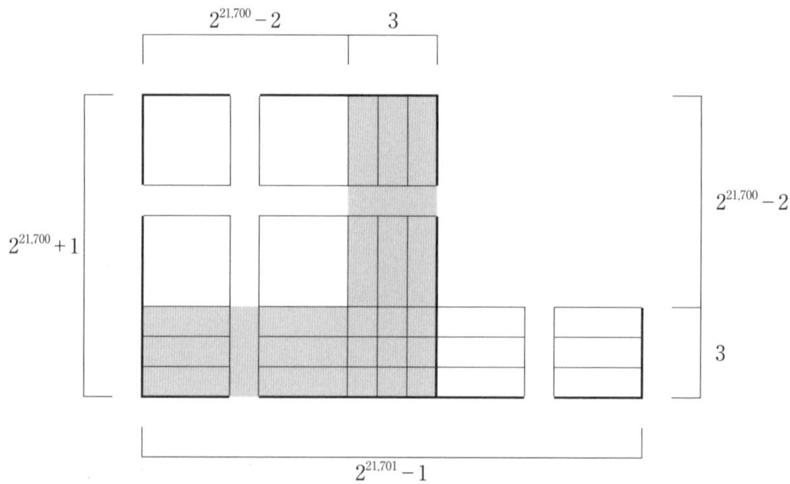

図6-26　メルセンヌ素数 No.25の図解

■メルセンヌ素数 No.26

メルセンヌ素数No.26は、$M_{23,209}=2^{23,209}-1$です。

ここでは、一辺が$2^{23,208}+1$の正方形を用意します。(下図参照)

この正方形の左上隅から、一辺が（$2^{23,208}-2$）のやや小さめの正方形を取り除くと、その跡に巾3の山型図形が残ります。

この山型図形の立ち上がり部分【巾；3、高さ；$2^{23,208}-2$】を右下方向に回転させながら移動して短辺3の細長い矩形に置き換えたときの長辺が、メルセンヌ素数（$2^{23,209}-1$）に該当します。

ここで得られた細長い矩形の長短辺の和（$2^{23,209}-1$）$+3$が、
$2(2^{23,208}+1)$の「最長脚素数和」に、また積$3(2^{23,209}-1)$が「最長脚素数積」に相当します。

最長脚は$\pm(2^{23,208}-2)$です。

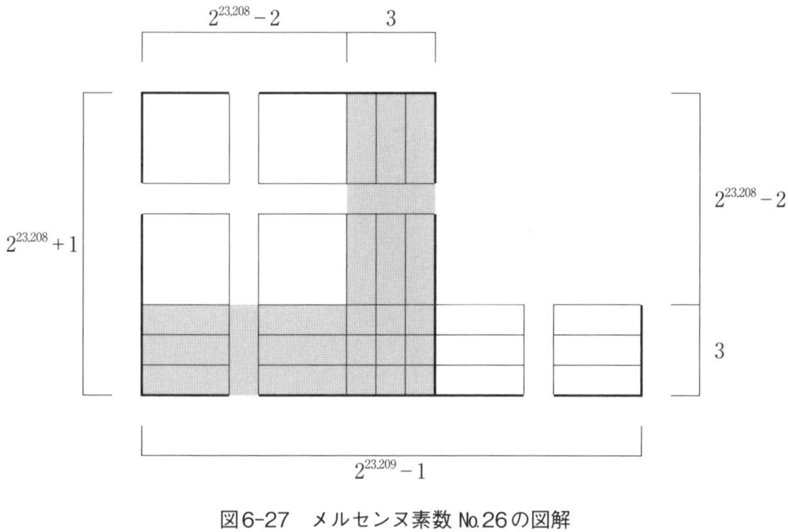

図6-27　メルセンヌ素数 No.26の図解

■メルセンヌ素数 №.27

メルセンヌ素数№.27は、$M_{44,497}=2^{44,497}-1$です。

ここでは、一辺が$2^{44,496}+1$の正方形を用意します。(下図参照)

この正方形の左上隅から、一辺が（$2^{44,496}-2$）のやや小さめの正方形を取り除くと、その跡に巾3の山型図形が残ります。

この山型図形の立ち上がり部分【巾；3、高さ；$2^{44,496}-2$】を右下方向に回転させながら移動して短辺3の細長い矩形に置き換えたときの長辺が、メルセンヌ素数（$2^{44,497}-1$）に該当します。

ここで得られた細長い矩形の長短辺の和（$2^{44,497}-1$）+3が、$2(2^{44,496}+1)$の「最長脚素数和」に、また積$3(2^{44,497}-1)$が「最長脚素数積」に相当します。

最長脚は±（$2^{44,496}-2$）です。

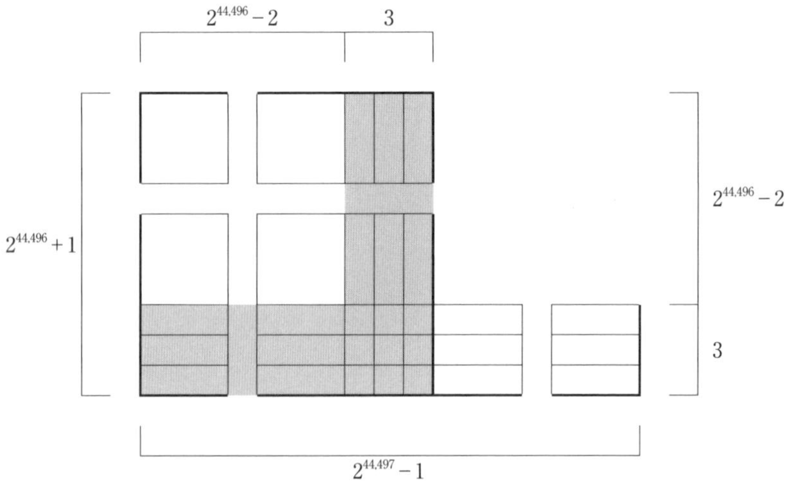

図6-28　メルセンヌ素数 №.27の図解

■メルセンヌ素数 №28

メルセンヌ素数№28は、$M_{86,243} = 2^{86,243} - 1$です。

ここでは、一辺が$2^{86,242} + 1$の正方形を用意します。(下図参照)

この正方形の左上隅から、一辺が($2^{86,242} - 2$)のやや小さめの正方形を取り除くと、その跡に巾3の山型図形が残ります。

この山型図形の立ち上がり部分【巾;3、高さ;$2^{86,242} - 2$】を右下方向に回転させながら移動して短辺3の細長い矩形に置き換えたときの長辺が、メルセンヌ素数($2^{86,243} - 1$)に該当します。

ここで得られた細長い矩形の長短辺の和($2^{86,243} - 1$)+3が、$2(2^{86,242} + 1)$の「最長脚素数和」に、また積$3(2^{86,243} - 1)$が「最長脚素数積」に相当します。

最長脚は$\pm(2^{86,242} - 2)$です。

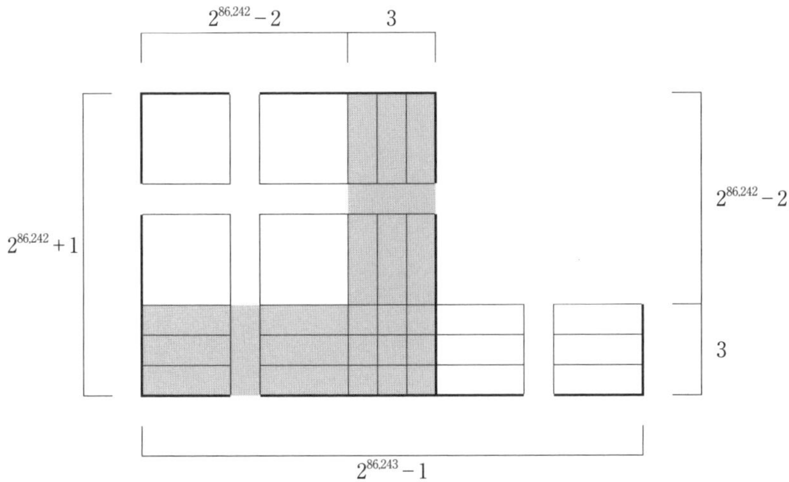

図6-29 メルセンヌ素数 №28の図解

■メルセンヌ素数 №.29

メルセンヌ素数№.29は、$M_{110,503}=2^{110,503}-1$です。

ここでは、一辺が$2^{110,502}+1$の正方形を用意します。(下図参照)

この正方形の左上隅から、一辺が($2^{110,502}-2$)のやや小さめの正方形を取り除くと、その跡に巾3の山型図形が残ります。

この山型図形の立ち上がり部分【巾;3、高さ;$2^{110,502}-2$】を右下方向に回転させながら移動して短辺3の細長い矩形に置き換えたときの長辺が、メルセンヌ素数($2^{110,503}-1$)に該当します。

ここで得られた細長い矩形の長短辺の和($2^{110,503}-1$)+3が、$2(2^{110,502}+1)$の「最長脚素数和」に、また積$3(2^{110,503}-1)$が「最長脚素数積」に相当します。

最長脚は±($2^{110,502}-2$)です。

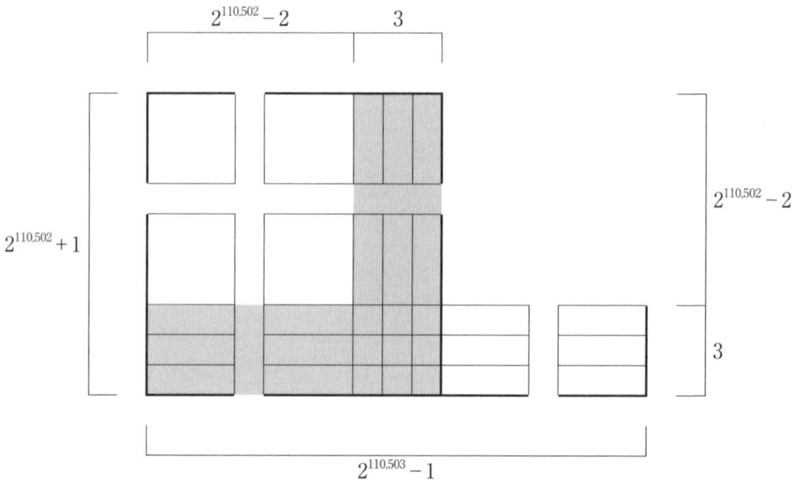

図6-30　メルセンヌ素数 №.29の図解

■メルセンヌ素数 №30

メルセンヌ素数№30は、$M_{132,049}=2^{132,049}-1$です。

ここでは、一辺が$2^{132,048}+1$の正方形を用意します。（下図参照）

この正方形の左上隅から、一辺が（$2^{132,048}-2$）のやや小さめの正方形を取り除くと、その跡に巾3の山型図形が残ります。

この山型図形の立ち上がり部分【巾；3、高さ；$2^{132,048}-2$】を右下方向に回転させながら移動して短辺3の細長い矩形に置き換えたときの長辺が、メルセンヌ素数（$2^{132,049}-1$）に該当します。

ここで得られた細長い矩形の長短辺の和（$2^{132,049}-1$）+3が、$2(2^{132,048}+1)$の「最長脚素数和」に、また積$3(2^{132,049}-1)$が「最長脚素数積」に相当します。

最長脚は±（$2^{132,048}-2$）です。

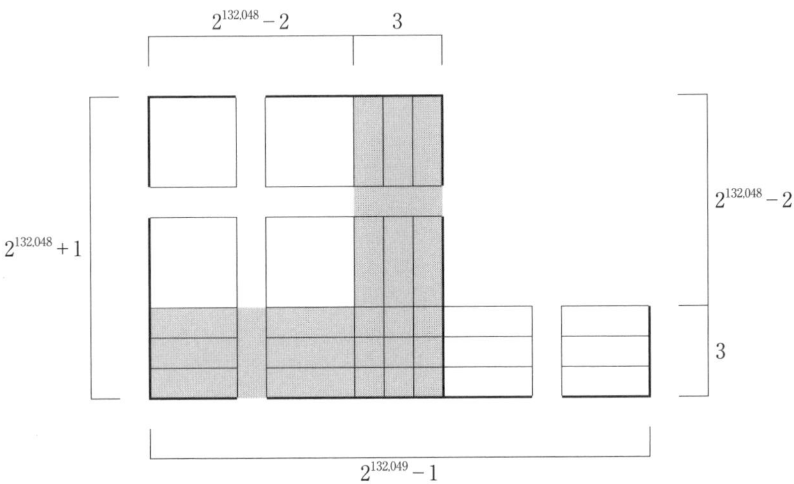

図6-31 メルセンヌ素数 №30の図解

■メルセンヌ素数 No.31

メルセンヌ素数No.31は、$M_{216,091}=2^{216,091}-1$です。

ここでは、一辺が$2^{216,090}+1$の正方形を用意します。(下図参照)

この正方形の左上隅から、一辺が($2^{216,090}-2$)のやや小さめの正方形を取り除くと、その跡に巾3の山型図形が残ります。

この山型図形の立ち上がり部分【巾;3、高さ;$2^{216,090}-2$】を右下方向に回転させながら移動して短辺3の細長い矩形に置き換えたときの長辺が、メルセンヌ素数($2^{216,091}-1$)に該当します。

ここで得られた細長い矩形の長短辺の和($2^{216,091}-1$)+3が、$2(2^{216,090}+1)$の「最長脚素数和」に、また積$3(2^{216,091}-1)$が「最長脚素数積」に相当します。

最長脚は±($2^{216,090}-2$)です。

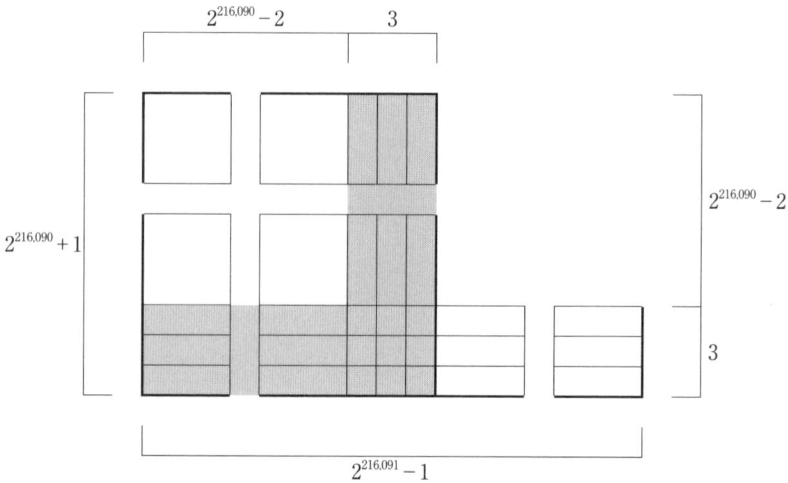

図6-32　メルセンヌ素数 No.31の図解

■メルセンヌ素数 №.32

メルセンヌ素数№.32は、$M_{756,839}=2^{756,839}-1$です。

ここでは、一辺が$2^{756,838}+1$の正方形を用意します。(下図参照)

この正方形の左上隅から、一辺が($2^{756,838}-2$)のやや小さめの正方形を取り除くと、その跡に巾3の山型図形が残ります。

この山型図形の立ち上がり部分【巾;3、高さ;$2^{756,838}-2$】を右下方向に回転させながら移動して短辺3の細長い矩形に置き換えたときの長辺が、メルセンヌ素数($2^{756,839}-1$)に該当します。

ここで得られた細長い矩形の長短辺の和($2^{756,839}-1$)+3が、$2(2^{756,838}+1)$の「最長脚素数和」に、また積$3(2^{756,839}-1)$が「最長脚素数積」に相当します。

最長脚は$\pm(2^{756,838}-2)$です。

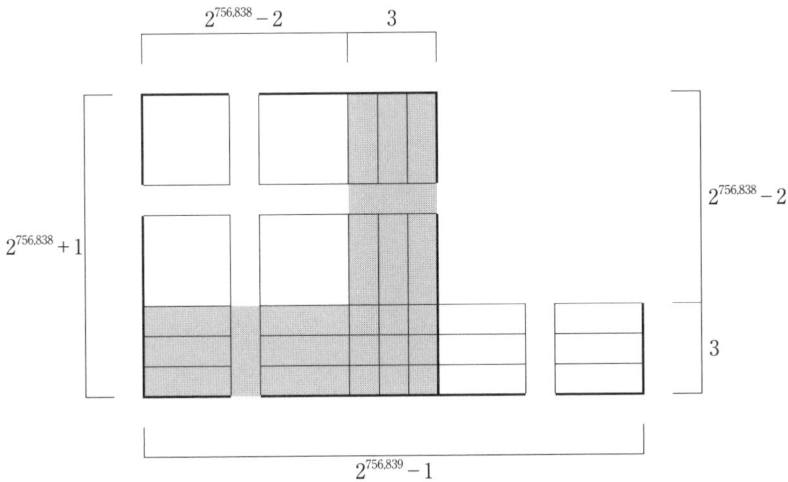

図6-33　メルセンヌ素数 №.32の図解

■メルセンヌ素数 №.33

メルセンヌ素数№.33は、$M_{859,433}=2^{859,433}-1$です。

ここでは、一辺が$2^{859,432}+1$の正方形を用意します。（下図参照）

この正方形の左上隅から、一辺が（$2^{859,432}-2$）のやや小さめの正方形を取り除くと、その跡に巾3の山型図形が残ります。

この山型図形の立ち上がり部分【巾；3、高さ；$2^{859,432}-2$】を右下方向に回転させながら移動して短辺3の細長い矩形に置き換えたときの長辺が、メルセンヌ素数（$2^{859,433}-1$）に該当します。

ここで得られた細長い矩形の長短辺の和（$2^{859,433}-1$）+3が、$2(2^{859,432}+1)$の「最長脚素数和」に、また積$3(2^{859,433}-1)$が「最長脚素数積」に相当します。

最長脚は±（$2^{859,432}-2$）です。

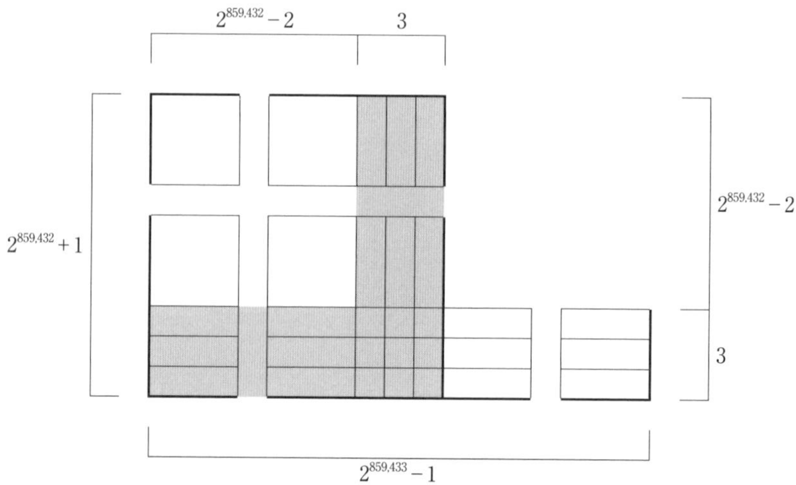

図6-34　メルセンヌ素数 №.33の図解

■メルセンヌ素数 No.34

メルセンヌ素数No.34は、$M_{1,257,787}=2^{1,257,787}-1$です。

ここでは、一辺が$2^{1,257,786}+1$の正方形を用意します。（下図参照）

この正方形の左上隅から、一辺が（$2^{1,257,786}-2$）のやや小さめの正方形を取り除くと、その跡に巾3の山型図形が残ります。

この山型図形の立ち上がり部分【巾；3、高さ；$2^{1,257,786}-2$】を右下方向に回転させながら移動して短辺3の細長い矩形に置き換えたときの長辺が、メルセンヌ素数（$2^{1,257,787}-1$）に該当します。

ここで得られた細長い矩形の長短辺の和（$2^{1,257,787}-1$）+3が、$2(2^{1,257,786}+1)$ の「最長脚素数和」に、また積$3(2^{1,257,787}-1)$ が「最長脚素数積」に相当します。

最長脚は$\pm(2^{1,257,786}-2)$ です。

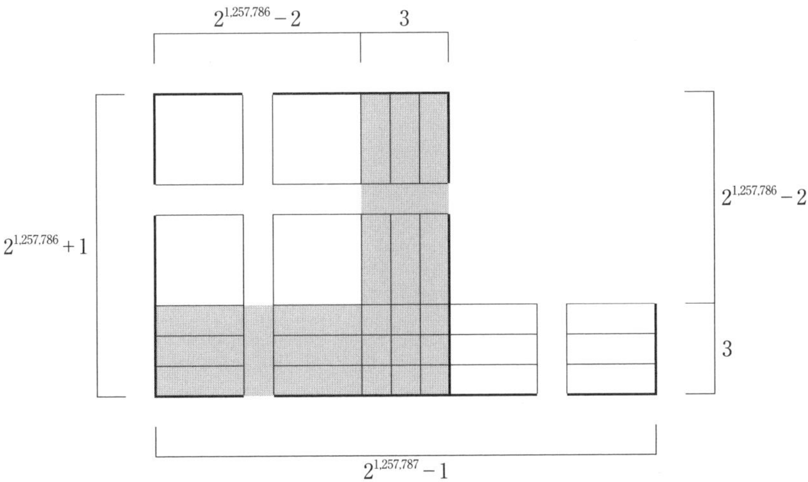

図6-35　メルセンヌ素数 No.34の図解

■メルセンヌ素数 №35

メルセンヌ素数№35は、$M_{1,398,269}=2^{1,398,269}-1$です。

ここでは、一辺が$2^{1,398,268}+1$の正方形を用意します。(下図参照)

この正方形の左上隅から、一辺が($2^{1,398,268}-2$)のやや小さめの正方形を取り除くと、その跡に巾3の山型図形が残ります。

この山型図形の立ち上がり部分【巾；3、高さ；$2^{1,398,268}-2$】を右下方向に回転させながら移動して短辺3の細長い矩形に置き換えたときの長辺が、メルセンヌ素数($2^{1,398,269}-1$)に該当します。

ここで得られた細長い矩形の長短辺の和($2^{1,398,269}-1$)+3が、$2(2^{1,398,268}+1)$の「最長脚素数和」に、また、$3(2^{1,398,269}-1)$が「最長脚素数積」に相当します。

最長脚は±($2^{1,398,268}-2$)です。

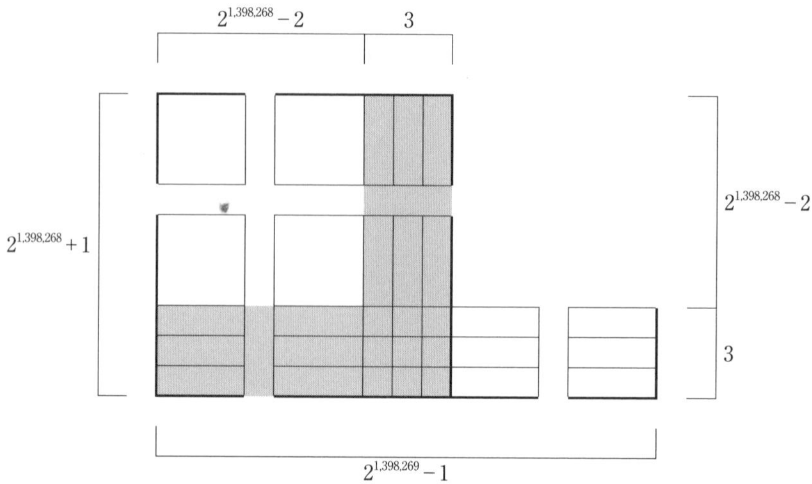

図6-36　メルセンヌ素数 №35の図解

■メルセンヌ素数 №36

メルセンヌ素数№36は、$M_{2,976,221}=2^{2,976,221}-1$です。

ここでは、一辺が$2^{2,976,220}+1$の正方形を用意します。（下図参照）

この正方形の左上隅から、一辺が（$2^{2,976,220}-2$）のやや小さめの正方形を取り除くと、その跡に巾3の山型図形が残ります。

この山型図形の立ち上がり部分【巾；3、高さ；$2^{2,976,220}-2$】を右下方向に回転させながら移動して短辺3の細長い矩形に置き換えたときの長辺が、メルセンヌ素数（$2^{2,976,221}-1$）に該当します。

ここで得られた細長い矩形の長短辺の和（$2^{2,976,221}-1$）+3が、$2(2^{2,976,220}+1)$の「最長脚素数和」に、また、$3(2^{2,976,221}-1)$が「最長脚素数積」に相当します。

最長脚は±($2^{2,976,220}-2$)です。

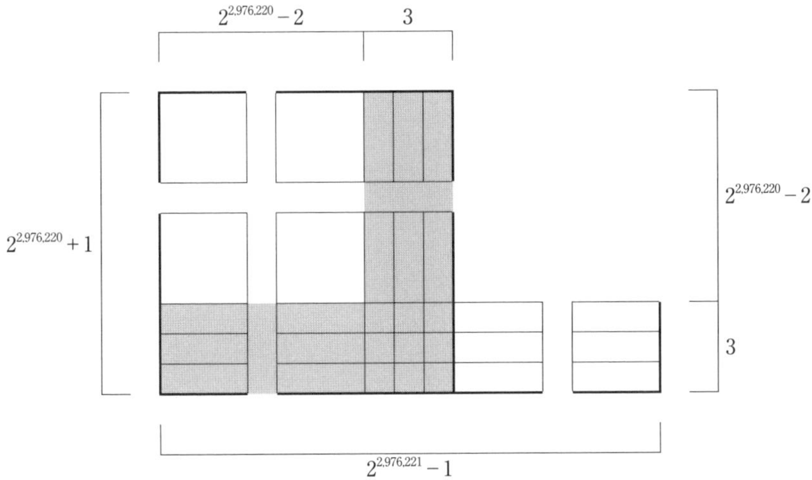

図6-37　メルセンヌ素数 №36の図解

■メルセンヌ素数 No.37

メルセンヌ素数No.37は、$M_{3,021,377} = 2^{3,021,377} - 1$です。

ここでは、一辺が$2^{3,021,376} + 1$の正方形を用意します。（下図参照）

この正方形の左上隅から、一辺が（$2^{3,021,376} - 2$）のやや小さめの正方形を取り除くと、その跡に巾3の山型図形が残ります。

この山型図形の立ち上がり部分【巾；3、高さ；$2^{3,021,376} - 2$】を右下方向に回転させながら移動して短辺3の細長い矩形に置き換えたときの長辺が、メルセンヌ素数（$2^{3,021,377} - 1$）に該当します。

ここで得られた細長い矩形の長短辺の和（$2^{3,021,377} - 1$）＋3が、$2(2^{3,021,376} + 1)$の「最長脚素数和」に、また、$3(2^{3,021,377} - 1)$が「最長脚素数積」に相当します。

最長脚は±（$2^{3,021,376} - 2$）です。

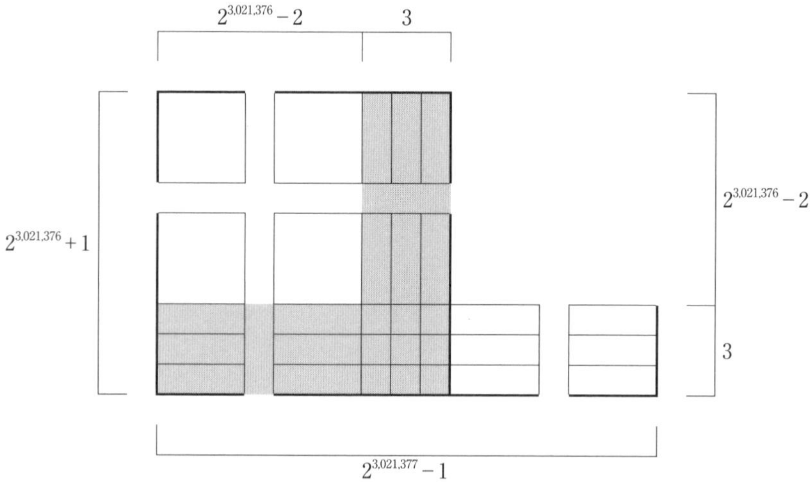

図6-38　メルセンヌ素数 No.37の図解

■メルセンヌ素数 №.38

メルセンヌ素数№.38は、$M_{6,972,593}=2^{6,972,593}-1$です。

ここでは、一辺が$2^{6,972,592}+1$の正方形を用意します。(下図参照)

この正方形の左上隅から、一辺が($2^{6,972,592}-2$)のやや小さめの正方形を取り除くと、その跡に巾3の山型図形が残ります。

この山型図形の立ち上がり部分【巾;3、高さ;$2^{6,972,592}-2$】を右下方向に回転させながら移動して短辺3の細長い矩形に置き換えたときの長辺が、メルセンヌ素数($2^{6,972,593}-1$)に該当します。

ここで得られた細長い矩形の長短辺の和($2^{6,972,593}-1$)+3が、$2(2^{6,972,592}+1)$の「最長脚素数和」に、また、$3(2^{6,972,593}-1)$が「最長脚素数積」に相当します。

最長脚は$\pm(2^{6,972,592}-2)$です。

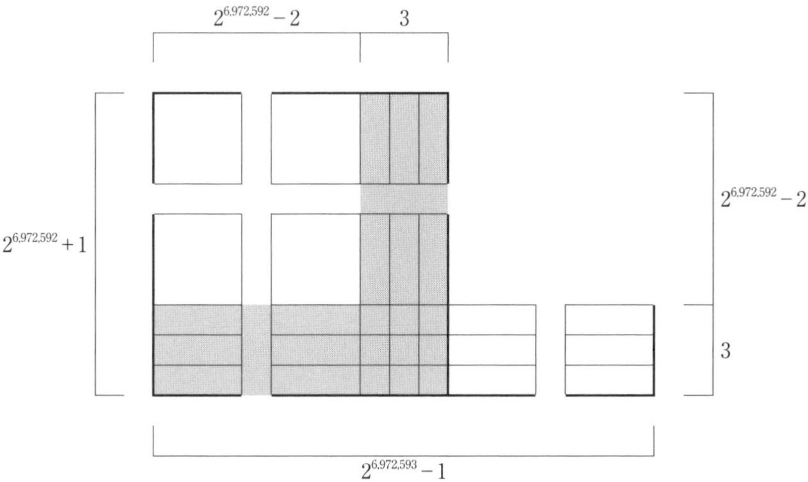

図6-39　メルセンヌ素数 №.38の図解

■メルセンヌ素数 №39

メルセンヌ素数№39は、$M_{13,466,917}=2^{13,466,917}-1$です。

ここでは、一辺が$2^{13,466,916}+1$の正方形を用意します。（下図参照）

この正方形の左上隅から、一辺が（$2^{13,466,916}-2$）のやや小さめの正方形を取り除くと、その跡に巾3の山型図形が残ります。

この山型図形の立ち上がり部分【巾；3、高さ；$2^{13,466,916}-2$】を右下方向に回転させながら移動して短辺3の細長い矩形に置き換えたときの長辺が、メルセンヌ素数（$2^{13,466,917}-1$）に該当します。

ここで得られた細長い矩形の長短辺の和（$2^{13,466,917}-1$）$+3$が、$2(2^{13,466,916}+1)$の「最長脚素数和」に、また、$3(2^{13,466,917}-1)$が「最長脚素数積」に相当します。

最長脚は$\pm(2^{13,466,916}-2)$です。

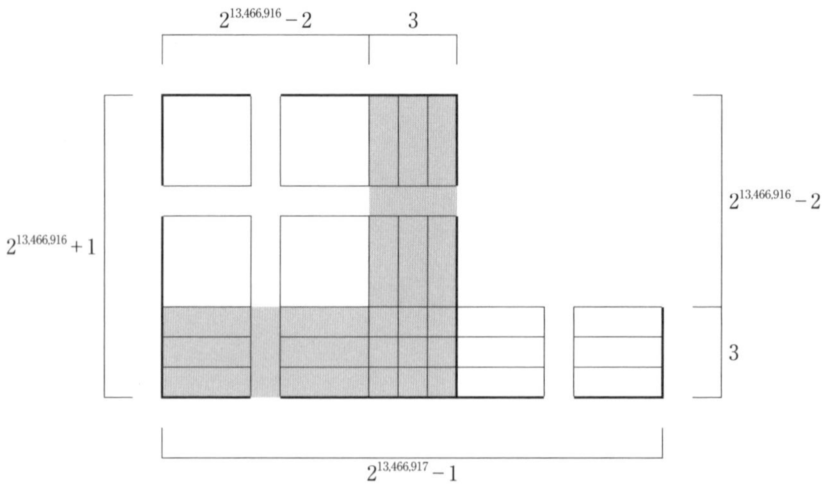

図6-40　メルセンヌ素数 №39の図解

■メルセンヌ素数 No.40

メルセンヌ素数No.40は、$M_{20,996,011}=2^{20,996,011}-1$です。

ここでは、一辺が$2^{20,996,010}+1$の正方形を用意します。(下図参照)

この正方形の左上隅から、一辺が($2^{20,996,010}-2$)のやや小さめの正方形を取り除くと、その跡に巾3の山型図形が残ります。

この山型図形の立ち上がり部分【巾;3、高さ;$2^{20,996,010}-2$】を右下方向に回転させながら移動して短辺3の細長い矩形に置き換えたときの長辺が、メルセンヌ素数($2^{20,996,011}-1$)に該当します。

ここで得られた細長い矩形の長短辺の和($2^{20,996,011}-1$)+3が、$2(2^{20,996,010}+1)$の「最長脚素数和」に、また、$3(2^{20,996,011}-1)$が「最長脚素数積」に相当します。

最長脚は±($2^{20,996,010}-2$)です。

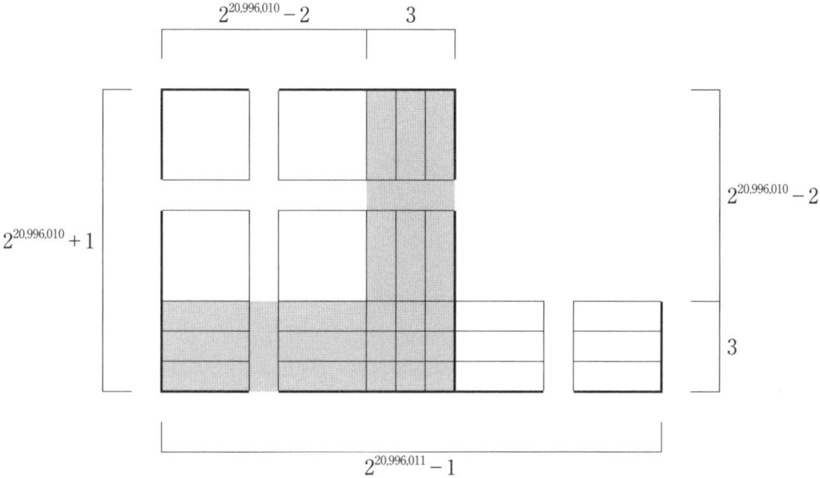

図6-41　メルセンヌ素数 No.40の図解

■メルセンヌ素数 No.41

メルセンヌ素数No.41は、$M_{24,036,583}=2^{24,036,583}-1$です。

ここでは、一辺が$2^{24,036,582}+1$の正方形を用意します。（下図参照）

この正方形の左上隅から、一辺が（$2^{24,036,582}-2$）のやや小さめの正方形を取り除くと、その跡に巾3の山型図形が残ります。

この山型図形の立ち上がり部分【巾；3、高さ；$2^{24,036,582}-2$】を右下方向に回転させながら移動して短辺3の細長い矩形に置き換えたときの長辺が、メルセンヌ素数（$2^{24,036,583}-1$）に該当します。

ここで得られた細長い矩形の長短辺の和（$2^{24,036,583}-1$）+3が、$2(2^{24,036,582}+1)$の「最長脚素数和」に、また、$3(2^{24,036,583}-1)$が「最長脚素数積」に相当します。

最長脚は$\pm(2^{24,036,582}-2)$です。

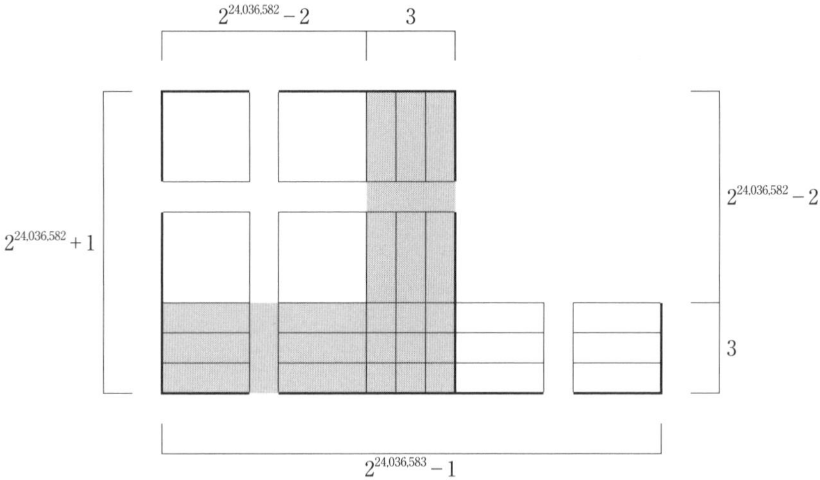

図6-42　メルセンヌ素数 No.41の図解

■メルセンヌ素数 No.42

メルセンヌ素数No.42は、$M_{25,964,951}=2^{25,964,951}-1$です。

ここでは、一辺が$2^{25,964,950}+1$の正方形を用意します。(下図参照)

この正方形の左上隅から、一辺が（$2^{25,964,950}-2$）のやや小さめの正方形を取り除くと、その跡に巾3の山型図形が残ります。

この山型図形の立ち上がり部分【巾；3、高さ；$2^{25,964,950}-2$】を右下方向に回転させながら移動して短辺3の細長い矩形に置き換えたときの長辺が、メルセンヌ素数（$2^{25,964,951}-1$）に該当します。

ここで得られた細長い矩形の長短辺の和（$2^{25,964,951}-1$）+3が、$2(2^{25,964,950}+1)$の「最長脚素数和」に、また、$3(2^{25,964,951}-1)$が「最長脚素数積」に相当します。

最長脚は$\pm(2^{25,964,950}-2)$です。

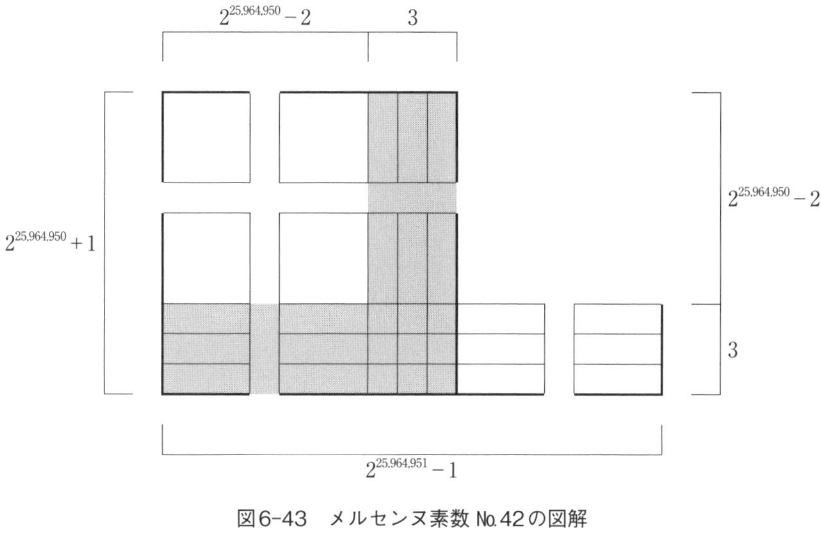

図6-43　メルセンヌ素数 No.42の図解

■メルセンヌ素数 No.43

メルセンヌ素数No.43は、$M_{30,402,457}=2^{30,402,457}-1$です。

ここでは、一辺が$2^{30,402,456}+1$の正方形を用意します。（下図参照）

この正方形の左上隅から、一辺が（$2^{30,402,456}-2$）のやや小さめの正方形を取り除いた時にできる図形（山型図形）の立ち上がり部分【巾；3、高さ；$2^{30,402,456}-2$】を右下方向に回転させながら移動して矩形に置き換えた時の長辺が、メルセンヌ素数（$2^{30,402,457}-1$）に該当します。

ここで得られた細長い矩形の長短辺の和（$2^{30,402,457}-1$）+3が、$2(2^{30,402,456}+1)$の「最長脚素数和」に、また、$3(2^{30,402,457}-1)$が「最長脚素数積」に相当します。

最長脚は±（$2^{30,402,456}-2$）です。

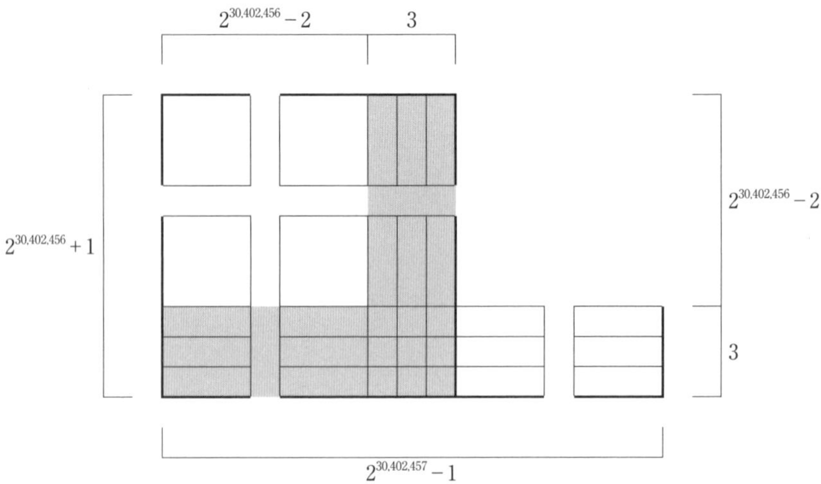

図6-44　メルセンヌ素数 No.43の図解

■メルセンヌ素数 No.44

メルセンヌ素数No.44は、$M_{32,582,657}=2^{32,582,657}-1$です。

ここでは、一辺が$2^{32,582,656}+1$の正方形を用意します。（下図参照）

この正方形の左上隅から、一辺が（$2^{32,582,656}-2$）のやや小さめの正方形を取り除いた時にできる図形（山型図形）の立ち上がり部分【巾；3、高さ；$2^{32,582,656}-2$】を右下方向に回転させながら移動して矩形に置き換えた時の長辺が、メルセンヌ素数（$2^{32,582,657}-1$）に該当します。

ここで得られた細長い矩形の長短辺の和（$2^{32,582,657}-1$）+3が、$2(2^{32,582,656}+1)$の「最長脚素数和」に、また、$3(2^{32,582,657}-1)$が「最長脚素数積」に相当します。

最長脚は±($2^{32,582,656}-2$)です。

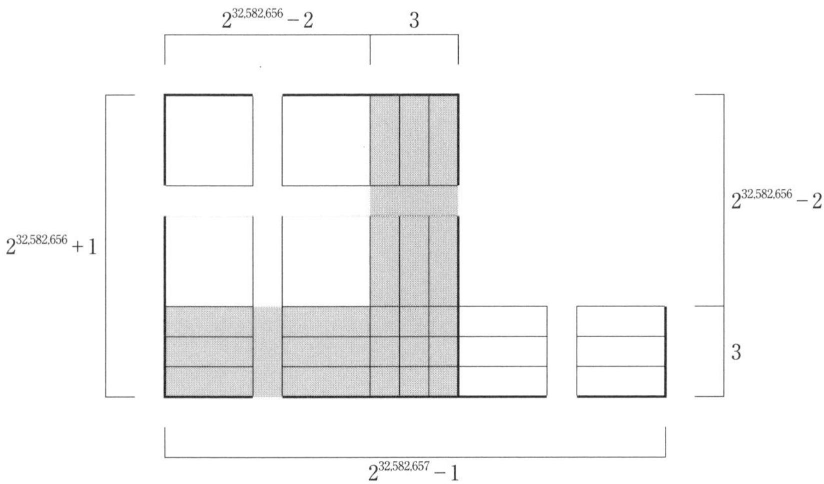

図6-45　メルセンヌ素数 No.44の図解

■メルセンヌ素数 №.45

メルセンヌ素数№.45は、$M_{37,156,667}=2^{37,156,667}-1$です。

ここでは、一辺が$2^{37,156,666}+1$の正方形を用意します。(下図参照)

この正方形の左上隅から、一辺が($2^{37,156,666}-2$)のやや小さめの正方形を取り除いた時にできる図形(山型図形)の立ち上がり部分【巾;3、高さ;$2^{37,156,666}-2$】を右下方向に回転させながら移動して矩形に置き換えた時の長辺が、メルセンヌ素数($2^{37,156,667}-1$)に該当します。

ここで得られた細長い矩形の長短辺の和($2^{37,156,667}-1$)+3が、$2(2^{37,156,666}+1)$の「最長脚素数和」に、また、$3(2^{37,156,667}-1)$が「最長脚素数積」に相当します。

最長脚は±($2^{37,156,666}-2$)です。

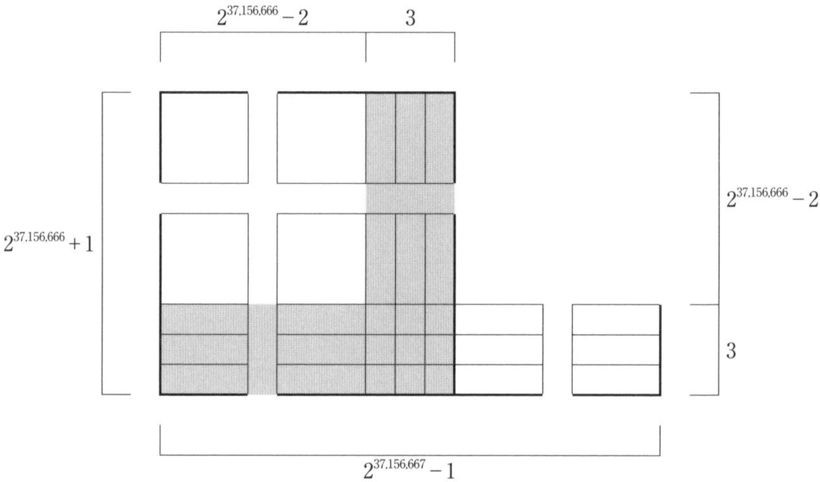

図6-46　メルセンヌ素数 №.45の図解

■メルセンヌ素数 No.46

メルセンヌ素数No.46は、$M_{42,643,801}=2^{42,643,801}-1$です。

ここでは、一辺が$2^{42,643,800}+1$の正方形を用意します。（下図参照）

この正方形の左上隅から、一辺が（$2^{42,643,800}-2$）のやや小さめの正方形を取り除いた時にできる図形（山型図形）の立ち上がり部分【巾；3、高さ；$2^{42,643,800}-2$】を右下方向に回転させながら移動して短辺3の細長い矩形に置き換えた時の長辺が、メルセンヌ素数（$2^{42,643,801}-1$）に該当します。

ここで得られた細長い矩形の長短辺の和（$2^{42,643,801}-1$）+3が、$2(2^{42,643,800}+1)$の「最長脚素数和」に、また、$3(2^{42,643,801}-1)$が「最長脚素数積」に相当します。

最長脚は$\pm 2(2^{42,643,800}-2)$です。

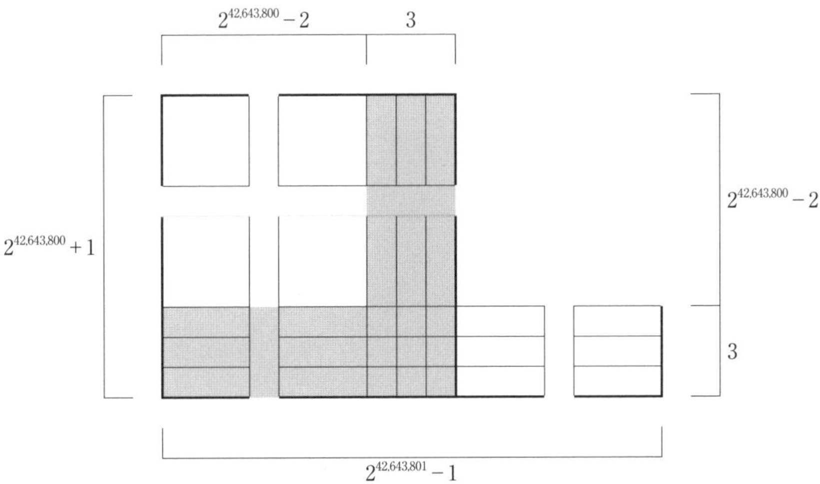

図6-47　メルセンヌ素数 No.46の図解

■メルセンヌ素数 No.47

メルセンヌ素数No.47は、$M_{43,112,609}=2^{43,112,609}-1$です。

ここでは、一辺が$2^{43,112,608}+1$の正方形を用意します。(下図参照)

この正方形の左上隅から、一辺が（$2^{43,112,608}-2$）のやや小さめの正方形を取り除いた時にできる図形（山型図形）の立ち上がり部分【巾；3、高さ；$2^{43,112,608}-2$】を右下方向に回転させながら移動して短辺が3の細長い矩形に置き換えた時の長辺が、メルセンヌ素数（$2^{43,112,609}-1$）に該当します。

ここで得られた細長い矩形の長短辺の和（$2^{43,112,609}-1$）+3が、$2(2^{43,112,608}+1)$の「最長脚素数和」に、また、$3(2^{43,112,609}-1)$が「最長脚素数積」に相当します。

最長脚は±（$2^{43,112,608}-2$）です。

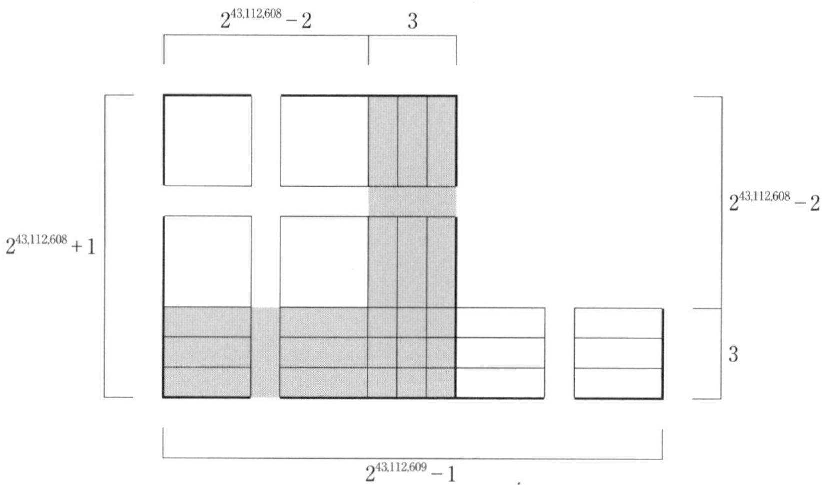

図6-48　メルセンヌ素数 No.47の図解

■メルセンヌ素数 No.48

メルセンヌ素数No.48は、$M_{57,885,161}=2^{57,885,161}-1$です。

ここでは、一辺が$2^{57,885,160}+1$の正方形を用意します。（下図参照）

この正方形の左上隅から、一辺が（$2^{57,885,160}-2$）のやや小さめの正方形を取り除いた時にできる図形（山型図形）の立ち上がり部分【巾；3、高さ；$2^{57,885,160}-2$】を右下方向に回転させながら移動して短辺が3の細長い矩形に置き換えた時の長辺が、メルセンヌ素数（$2^{57,885,161}-1$）に該当します。

ここで得られた細長い矩形の長短辺の和（$2^{57,885,161}-1$）+3が、$2(2^{57,885,160}+1)$の「最長脚素数和」に、また、$3(2^{57,885,161}-1)$が「最長脚素数積」に相当します。

最長脚は±（$2^{57,885,160}-2$）です。

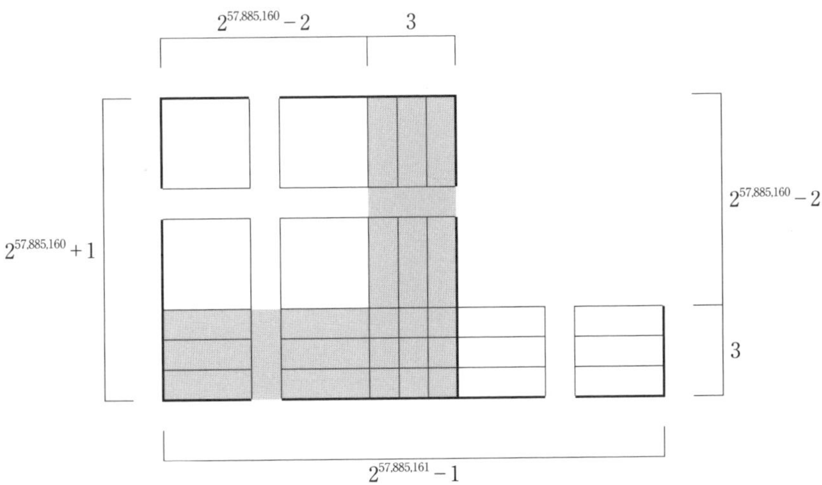

図6-49　メルセンヌ素数 No.48の図解

■メルセンヌ素数 №.49

メルセンヌ素数№.49は、$M_{74,207,281}=2^{74,207,281}-1$です。

ここでは、一辺が$2^{74,207,280}+1$の正方形を用意します。（下図参照）

この正方形の左上隅から、一辺が（$2^{74,207,280}-2$）のやや小さめの正方形を取り除いた時にできる図形（山型図形）の立ち上がり部分【巾；3、高さ；$2^{74,207,280}-2$】を右下方向に回転させながら移動して短辺が3の細長い矩形に置き換えた時の長辺が、メルセンヌ素数（$2^{74,207,281}-1$）に該当します。

ここで得られた細長い矩形の長短辺の和（$2^{74,207,281}-1$）+3が、$2(2^{74,207,280}+1)$の「最長脚素数和」に、また、（$2^{74,207,281}-1$）が「最長脚素数積」に相当します。

最長脚は±（$2^{74,207,280}-2$）です。

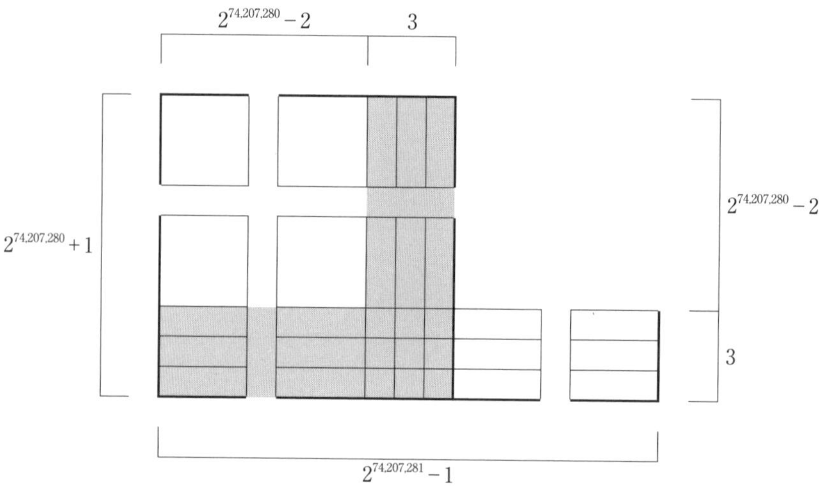

図6-50　メルセンヌ素数 №.49の図解

続・玉手箱その７

完全数の秘密を探る

■完全数とは

完全数のNo.1は6です。6の真の約数は3と2と1であり、このようなすべての約数の和に等しい数を完全数と呼んでいます。

大数学者であるユークリッドは、完全数を次のように定義しました。

『1から開始して、その2倍の数を次に並べ、任意の数だけそれを続けていく。その数の和が素数になるまでそれを続け、その和に最後に加算した数をかけて得られた積は完全数になる』

つまり1、2、4、8、16、…、という数列の各項の和が素数になるまで加算していき、得られた素数に最後の項を掛け合わせて積を求めればよいわけです。

それでは、この手順に従ってNo.1からNo.5までの完全数を求めると次の通りです。

No.1 $P_1 = 2(1+2) = 2*3 = 6$

No.2 $P_2 = 4(1+2+4) = 4*7 = 28$

No.3 $P_3 = 16(1+2+4+8+16) = 16*31 = 496$

No.4 $P_4 = 64(1+2+4+8+16+32+64) = 64*127 = 8'128$

No.5 $P_5 = 4'096(1+2+4+\cdots+2'048+4'096) = 4'096*8'191 = 33'550'336$

■完全数とメルセンヌ素数の関係

前述の完全数に関するユークリッドの定義にある素数とは、メルセンヌ素数を指しています。

ここでは、完全数とメルセンヌ素数を求める関数を追跡し、図解することによって両者の関係を明らかにします。

この両者の関係を一般式で表すと、以下の通りです。

$$S(n) = 2^0 + 2^1 + 2^2 + 2^3 + 2^4 + \cdots\cdots + 2^{n-2} + 2^{n-1} = (2^{n-1} - 1) + 2^{n-1} = 2^n - 1$$

ここで、$S(n) = 2^n - 1$が素数なら、$2^{n-1}(2^n - 1)$ は完全数になります。たとえば、$n=7$であれば、$S(7) = 2^7 - 1$はメルセンヌ素数であり、したがって、

$$2^6(2^7 - 1) = 64*(128 - 1) = 8'128$$

という具合に、No.4の完全数P_4を求めることができます。

■作図方法の説明

2^n-1が素数の場合に採用する一般図の作図方法は以下の通りです。

まず手始めに、一辺が（$2^{n-1}+1$）の正方形を用意します。（太線枠の正方形）

この正方形の左上隅から、一辺が（$2^{n-1}-2$）のやや小さめの正方形を取り除くと、その跡に巾3の山型図形が残ります。

この山型形図形の立ち上がり部分（巾；3　高さ；$2^{n-1}-2$）を右下方向に回転させながら移動してできる「短辺が3の横に長い矩形」の長辺2^n-1がメルセンヌ素数に該当しますので、これに破線で示した矩形の短辺2^{n-1}を乗じれば完全数P_nが求められます。

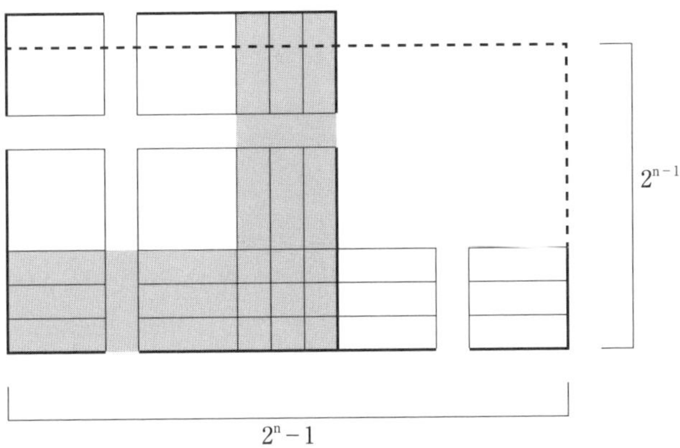

図7-1　完全数P_nの図解（一般図）

■M_nとP_nの一覧表（改正版）

1）一覧表その1

（No.1）　$M_2 = 2^2 - 1 = 3$

$P_1 = 2^1(2^2 - 1) = 2*3 = 6$

（No.2）　$M_3 = 2^3 - 1 = 7$

$P_2 = 2^2(2^3 - 1) = 4*7 = 28$

（No.3）　$M_5 = 2^5 - 1 = 31$

$P_3 = 2^4(2^5 - 1) = 16*31 = 496$

（No.4）　$M_7 = 2^7 - 1 = 127$

$P_4 = 2^6(2^7 - 1) = 64*127 = 8'128$

（No.5）　$M_{13} = 2^{13} - 1 = 8'192 - 1 = A/8 - 1$

$P_5 = 2^{12}(2^{13} - 1) = (A/16) * (A/8 - 1)$

（No.6）　$M_{17} = 2^{17} - 1 = 2*65'536 - 1 = 2A - 1$

$P_6 = 2^{16}(2^{17} - 1) = A * (2A - 1)$

（No.7）　$M_{19} = 2^{19} - 1 = 8A - 1$

$P_7 = 2^{18}(2^{19} - 1) = 4A * (8A - 1)$

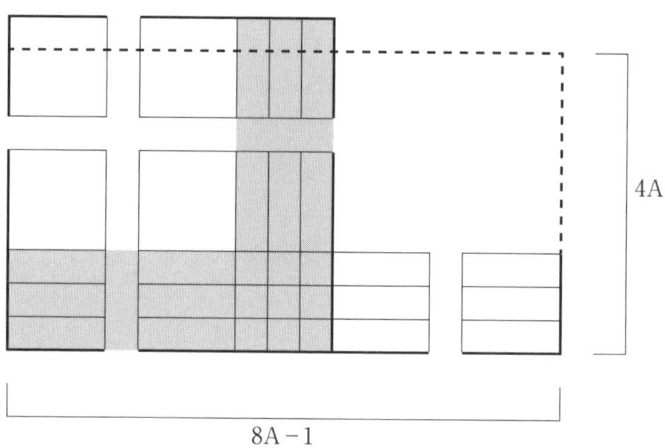

図7-2　完全数P_7の図解

2) 一覧表その2

(No.8) $M_{31}=2^{31}-1=A^2/2-1=32'768A-1$

$P_8=2^{30}(2^{31}-1)=(A^2/4)*(A^2/2-1)$

(No.9) $M_{61}=2^{61}-1=A^4/8-1=8'192A^3-1$

$P_9=2^{60}(2^{61}-1)=(A^4/16)*(A^4/8-1)$

(No.10) $M_{89}=2^{89}-1=A^6/128-1=512A^5-1$

$P_{10}=2^{88}(2^{89}-1)=(A^6/256)*(A^6/128-1)$

(No.11) $M_{107}=2^{107}-1=A^7/32-1=2'048A^6-1$

$P_{11}=2^{106}(2^{107}-1)=(A^7/64)*(A^7/32-1)$

(No.12) $M_{127}=2^{127}-1=A^8/2-1=32'768A^7-1$

$P_{12}=2^{126}(2^{127}-1)=(A^8/4)*(A^8/2-1)$

(No.13) $M_{521}=2^{521}-1=A^{33}/128-1=512A^{32}-1$

$P_{13}=2^{520}(2^{521}-1)=(A^{33}/256)*(A^{33}/128-1)$

(No.14) $M_{607}=2^{607}-1=A^{38}/2-1=32'768A^{37}-1$

$P_{14}=2^{606}(2^{607}-1)=(A^{38}/4)*(A^{38}/2-1)$

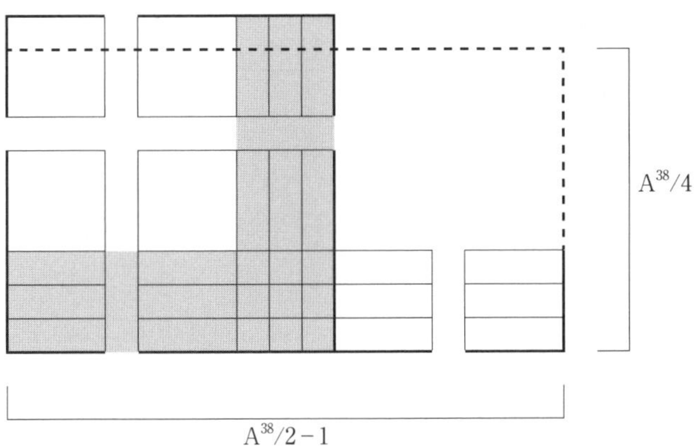

図7-3　完全数P_{14}の図解

3）一覧表その3

（No.15）$M_{1'279}=2^{1'279}-1=A^{80}/2-1=32'768A^{79}-1$

$P_{15}=2^{1'278}(2^{1'279}-1)=(A^{80}/4)*(A^{80}/2-1)$

（No.16）$M_{2'203}=2^{2'203}-1=A^{138}/32-1=2'048A^{137}-1$

$P_{16}=2^{1'278}(2^{1'279}-1)=(A^{138}/64)*(A^{138}/32-1)$

（No.17）$M_{2'281}=2^{2'281}-1=A^{143}/128-1=512A^{142}-1$

$P_{17}=2^{2'280}(2^{2'281}-1)=(A^{143}/256)*(A^{143}/128-1)$

（No.18）$M_{3'217}=2^{3'217}-1=2A^{201}-1$

$P_{18}=2^{3'216}(2^{3'217}-1)=A^{201}(2A^{201}-1)$

（No.19）$M_{4'253}=2^{4'253}-1=A^{266}/8-1=8'192A^{265}-1$

$P_{19}=2^{4'252}(2^{4'253}-1)=(A^{266}/16)*(A^{266}/8-1)$

（No.20）$M_{4'423}=2^{'4'423}-1=128A^{276}-1$

$P_{20}=2^{4'422}(2^{4'423}-1)=(64A^{276})*(128A^{276}-1)$

（No.21）$M_{9'689}=2^{9'689}-1=A^{606}/128-1=512A^{604}-1$

$P_{21}=2^{9'688}(2^{9'689}-1)=(A^{606}/256)*(A^{606}/128-1)$

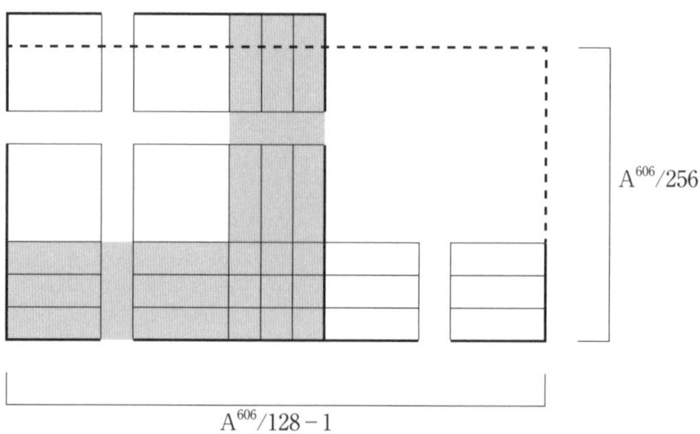

図7-4　完全数P_{21}の図解

4）一覧表その4

（No.22）$M_{9'941} = 2^{9'941} - 1 = 32A^{621} - 1$

$P_{22} = 2^{9'940}(2^{9'941} - 1) = (16A^{621}) * (32A^{621} - 1)$

（No.23）$M_{11'213} = 2^{11'213} - 1 = A^{701}/8 - 1 = 8'192A^{700} - 1$

$P_{23} = 2^{11'212}(2^{11'213} - 1) = (A^{701}/16) * (A^{701/}8 - 1)$

（No.24）$M_{19'937} = 2^{19'937} - 1 = 2A^{1'246} - 1$

$P_{24} = 2^{19'936}(2^{19'937} - 1) = (A^{1'246}) * (2A^{1'246} - 1)$

（No.25）$M_{21'701} = 2^{21'701} - 1 = 32A^{1'356} - 1$

$P_{25} = 2^{21'700}(2^{21'701} - 1) = (16A^{1'356}) * (32A^{1'356} - 1)$

（No.26）$M_{23'209} = 2^{23'209} - 1 = A^{1'451}/128 - 1 = 512A^{1'450} - 1$

$P_{26} = 2^{23'208}(2^{23'209} - 1) = (A^{1'451}/256) * (A^{1'451}/128 - 1)$

（No.27）$M_{44'497} = 2^{44'497} - 1 = 2A^{2'781} - 1$

$P_{27} = 2^{44'496}(2^{44'497} - 1) = (A^{2'781}) * (2A^{2'781} - 1)$

（No.28）$M_{86'243} = 2^{86'243} - 1 = 8A^{5'390} - 1$

$P_{28} = 2^{86'242}(2^{86'243} - 1) = (4A^{5'390}) * (8A^{5'390} - 1)$

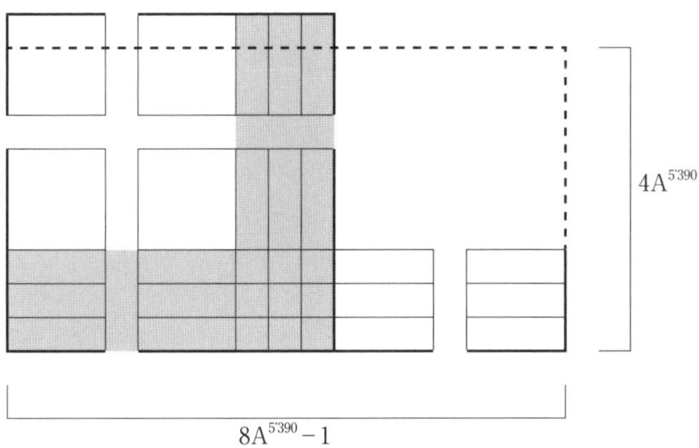

図7-5　完全数P_{28}の図解

5）一覧表その5

（No.29）$M_{110'503} = 2^{110'503} - 1 = 128A^{6'906} - 1$

$P_{29} = 2^{110'502}(2^{110'503} - 1) = (64A^{6'906}) * (128A^{6'906} - 1)$

（No.30）$M_{132'049} = 2^{132'049} - 1 = 2A^{8'253} - 1$

$P_{30} = 2^{132'048}(2^{132'049} - 1) = (A^{8'253}) * (2A^{8'253} - 1)$

（No.31）$M_{216'091} = 2^{216'091} - 1 = A^{13'506}/32 - 1 = 2'048A^{13'505} - 1$

$P_{31} = 2^{216'090}(2^{216'091} - 1) = (A^{13'506}/64) * (A^{13'506}/32 - 1)$

（No.32）$M_{756'839} = 2^{756'839} - 1 = 128A^{47'302} - 1$

$P_{32} = 2^{756'838}(2^{756'839} - 1) = (64A^{47'302}) * (128A^{47'302} - 1)$

（No.33）$M_{859'433} = 2^{859'433} - 1 = A^{53'715}/128 - 1 = 512A^{53'714} - 1$

$P_{33} = 2^{859'432}(2^{859'433} - 1) = (A^{53'715}/256) * (A^{53'715}/128 - 1)$

（No.34）$M_{1'257'787} = 2^{1'257'787} - 1 = A^{78'612}/32 - 1 = 2'048A^{78'611} - 1$

$P_{34} = 2^{1'257'786}(2^{1'257'787} - 1) = (A^{78'612}/64) * (A^{78'612}/32 - 1)$

（No.35）$M_{1'398'269} = 2^{1'398'269} - 1 = A^{87'392}/8 - 1 = 8'192A^{87'391} - 1$

$P_{35} = 2^{1'398'268}(2^{1'398'269} - 1) = (A^{87'392}/16) * (A^{87'392}/8 - 1)$

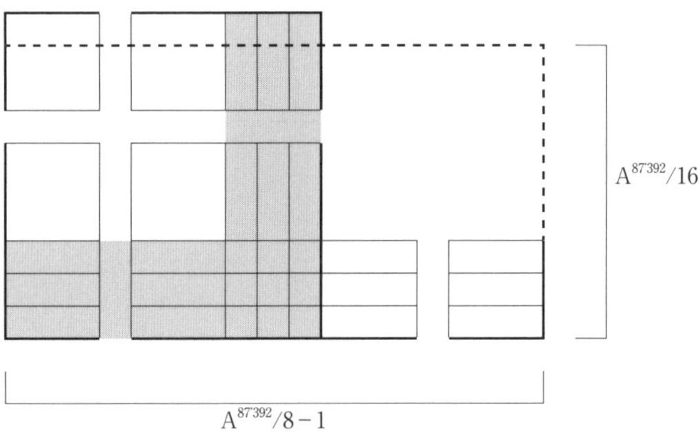

図7-6　完全数P_{35}の図解

6）覧表その6

（No.36）$M_{2'976'221}=2^{2'976'221}-1=A^{186'014}/8-1=8'192A^{186'014}/8-1$

$P_{36}=2^{2'976'220}(2^{2'976'221}-1)=(A^{186'014}/16)*(A^{186'014}/8-1)$

（No.37）$M_{3'021'377}=2^{3'021'377}-1=2A^{188'836}-1$

$P_{37}=2^{3'021'376}(2^{3'021'377}-1)=A^{188'836}(2A^{188'836}-1)$

（No.38）$M_{6'972'593}=2^{6'972'593}-1=2A^{435'787}-1$

$P_{38}=2^{6'972'592}(2^{6'972'593}-1)=A^{435'787}(2A^{435'787}-1)$

（No.39）$M_{13'466'917}=2^{13'466'917}-1=32A^{841'682}-1$

$P_{39}=2^{13'466'916}(2^{13'466'917}-1)=16A^{841'682}(32A^{841'682}-1)$

（No.40）$M_{20'996'011}=2^{20'996'011-}=A^{1'312'251}/64-1=2'048A^{1'312'250}-1$

$P_{40}=2^{20'996'010}(2^{20'996'011}-1)=(A^{1'312'251}/128)*(A^{1'312'251/}64-1)$

（No.41）$M_{24'036'583}=2^{24'036'583}-1=64A^{1'502'286}-1$

$P_{41}=2^{24'036'582}(2^{24'036'583}-1)=32A^{1'502'286}(64A^{1'502'286}-1)$

（No.42）$M_{25'964'951}=2^{25'964'951}-1=128A^{1'622'809}-1$

$P_{42}=2^{25'964'950}(2^{25'964'951}-1)=64A^{1'622'809}(128A^{1'622'809}-1)$

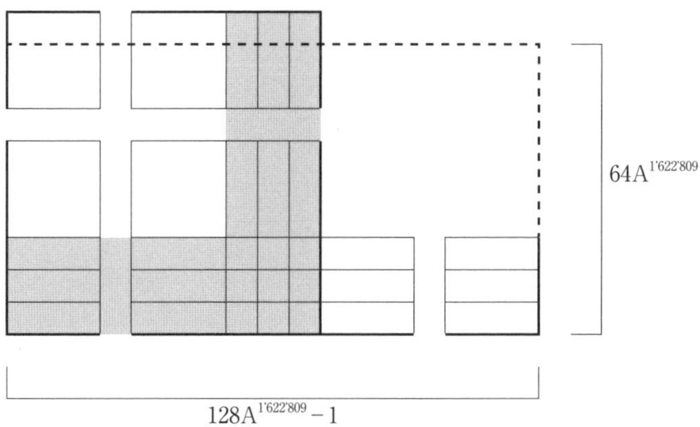

図7-7　完全数P_{42}の図解

7）覧表その7

（No.43） $M_{30'402'457} = 2^{30'402'457} - 1 = A^{1'900'154}/128 - 1 = 512A^{1'900'153} - 1$

$P_{43} = 2^{30'402'456}(2^{30'402'457} - 1) = 256A^{1'900'153}(512A^{1'900'153} - 1)$

（No.44） $M_{32'582'657} = 2^{32'582'657} - 1 = 2A^{2'036'416} - 1$

$P_{44} = 2^{32'582'656}(2^{32'582'657} - 1) = A^{2'036'416}(2A^{2'036'416} - 1)$

（No.45） $M_{37'156'667} = 2^{37'156'667} - 1 = A^{2'322'292}/32 - 1 = 2'048A^{2'322'291} - 1$

$P_{45} = 2^{37'156'666}(2^{37'156'667} - 1) = (A^{2'322'292}/64) * (A^{2'322'292}/32 - 1)$

（No.46） $M_{42'643'801} = 2^{42'643'801} - 1 = A^{2'665'237}/128 - 1$

$P_{46} = 2^{42'643'800}(2^{42'643'801} - 1) = (A^{2'665'237}/256) * (A^{2'665'237}/128 - 1)$

（No.47） $M_{43'112'609} = 2^{43'112'609} - 1 = 2A^{2'694'538} - 1$

$P_{47} = 2^{43'112'608}(2^{43'112'609} - 1) = A^{2'694'538}(2A^{2'694'538} - 1)$

（No.48） $M_{57'885'161} = 2^{57'885'161} - 1 = A^{3'617'823}/128 - 1 = 512A^{3'617822} - 1$

$P_{48} = 2^{57'885'160}(2^{57'885'161} - 1) = (A^{3'617'823}/256) * (A^{3'617'823}/128 - 1)$

（No.49） $M_{74'207'281} = 2^{74'207'281} - 1 = 2A^{4'637'955} - 1$

$P_{49} = 2^{74'207'280}(2^{74'207'281} - 1) = A^{4'637'955}(2A^{4'637'955} - 1)$

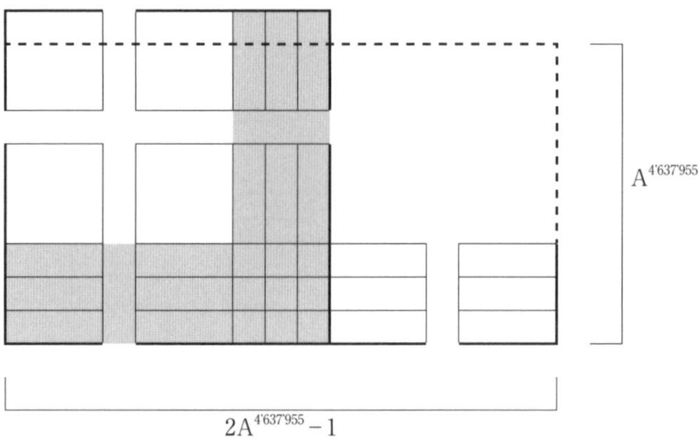

図7-8　完全数P_{49}の図解

■超巨大完全数の有力候補

前著でも触れましたが、前項に掲げた既知のメルセンヌ素数をつぶさに観察すると、2を定とする対数関係で連なる二筋の系列が存在することに気づきます。

その一つは、2を起点としてM_2、M_3、M_7、M_{127}、と経由して、その先は巨大メルセンヌ素数に連なる“第1系列”で、下記の通りです。

No.1　$M_2 = 2^2 - 1 = 3$

No.2　$M_3 = 2^3 - 1 = 7$

No.4　$M_7 = 2^7 - 1 = 127$

No.12　$M_{127} = 2^{127} - 1 = A^8/2 - 1 = 32'768A^7 - 1$

$M_{32'768A<7>} - 1 = 2^{32'768A<7>}/2 - 1 = A^{2'048A<7>}/2 - 1$

（ただし、$A<7> = A^7$）

二つめは、5を起点としてM_5、M_{31}、と経由して、その先は巨大メルセンヌ素数に連なる“第2系列”で、下記の通りです。

No.3　$M_5 = 2^5 - 1 = 31$

No.8　$M_{31} = 2^{31} - 1 = A^2/2 - 1 = 32'768A - 1$

$M_{32'768A} - 1 = 2^{32'768A}/2 - 1 = A^{2'048A}/2 - 1$

したがって、次の二つが超巨大完全数の有力な候補として挙げられます。

No.2-5　$(2^{32'768A<7>}/4) * (2^{32'768A<7>}/2 - 1) = (A^{2'048A<7>}/4) * (A^{2'048A<7>}/2 - 1)$

No.5-3　$(2^{32'768A}/4) * (2^{32'768A}/2 - 1) = (A^{2'048A}/4) * (A^{2'048A}/2 - 1)$

□お詫びと訂正

この章は、「前著の玉手箱その4」と内容が重複していますので、ここでその理由を述べたいと思います。

前著の「その4」においてデータの表示ミスが多々判明しました。49個のメルセンヌ素数に関しては大方無事でしたが、完全数に関しては少なからずの間違いが見つかりました。

この章では図解という手段を用いて完全数の秘密を解いていますが、この機会を利用して前著でのミスを修正し、より‘完全な’完全数情報を提供することができました。

前著での不始末をお詫びし、今後こうした単純ミスをしないよう確実な校正を心がける所存です。

続・玉手箱その８

超々巨大メルセンヌ素数を追跡する

■対数関係にある系列

前著でも触れたように、既に判明している49個のメルセンヌ素数間には『2を定とする対数関係』に従う二つの系列が存在します。その一つは、素数の2を起点とする系列であり、もう一つは素数の5を起点とする系列です。

最初の系列に属するメルセンヌ素数は以下の通りです。

No.2-1　$2^2-1=3$

No.2-2　$2^3-1=7$

No.2-3　$2^7-1=127$

No.2-4　$2^{127}-1=A^8/2-1=32'768A^7-1$　（ただし、$2^{16}=65'536=A$）

第二の系列に属するメルセンヌ素数は以下の通りです。

No.5-1　$2^5-1=31$

No.5-2　$2^{31}-1=A^2/2-1=32'768A-1$

■今後の展開

No.5-2及びNo.2-4までの値は既にメルセンヌ素数であることが判明していますが、今後取り上げるNo.5-3及びNo.2-5以降のメルセンヌ数については素数であることの証明は未だなされておりません。その点からは、『きわめて有力な素数候補』と位置付けておくことが妥当と思われます。

次節以降では個別の計算過程を明らかにし、図解説明を加えます。

■系列別メルセンヌ素数（候補）の続き

前節ではすでに判明している系列別メルセンヌ素数の最大値までを示すに止めました。

第二系列では、$2^{31}-1=32'768A-1=2'147'483'647$ですから電卓でも計算できますが、第一系列の$2^{127}-1=32'768A^{7}-1$ともなると手に負えません。

そこで例えば、$2^{127}-1=32'768A^{7}-1$を$2<127>-1=32'768A<7>-1$という具合に、一行の枠内で表示するような工夫が求められます。

こうした工夫を採用して、系列別にメルセンヌ素数をNo.2-4及びNo.5-2からNo.2-10及びNo.5-13までを取り敢えず列記すると次のようになります。

1）第一系列の続き

No.2-4　$2^{127}-1=2<127>-1=32'768A^{7}-1$

No.2-5　$2<2<127>-1>-1=16'384A<2'048A^{7}>-1$

No.2-6　$2<2<2<127>-1>-1>-1=16'384A<1'024A<2'048A^{7}>-1$

No.2-7　$2<2<<2<127>-1>>-1>-1$
$=16'384A<1'024A<1'024A<2'048A^{7}>-1$

No.2-8　$2<2<<<2<127>-1>>>-1>-1$
$=16'384A<1'024A<<1'024A<20'48A^{7}>-1$

No.2-9　$2<2<<<<2<127>-1>>>>-1>-1$
$=16'384A<1'024A<<<1'024A<2'048A^{7}>-1$

No.2-10　$2<2<<<<<2<127>-1>>>>>-1>-1$
$=16'384A<1'024A<<<<1'024A<2'048A^{7}>-1$

2）第2系列の続き

No.5-2　$2^{31}-1$ = 2<31> − 1 = 32'768A − 1

No.5-3　2<2<31> − 1> − 1 = 16'384A<2'048A> − 1

No.5 4　2<2<2<31>　1>　1>　1 = 16'384A<1'024A<2'048A> − 1

No.5-5　2<2<<2<31> − 1>> − 1> − 1
= 16'384A<1'024A<1'024A<2'048A> − 1

No.5-6　2<2<<<2<31> − 1>>> − 1> − 1
= 16'384A<1'024A<<1'024A<2'048A> − 1

No.5-7　2<2<<<<2<31> − 1>>>> − 1> − 1
= 16'384A<1'024A<<<1'024A<2'048A> − 1

No.5-8　2<2<<<<<2<31> − 1>>>>> − 1> − 1
= 16'384A<1'024A<<<<1'024A<2'048A> − 1

No.5-9　2<2<<<<<<2<31> − 1>>>>>> − 1> − 1
= 16'384A<1'024A<<<<<1'024A<2'048A> − 1

No.5-10　2<2<<<<<<<2<31> − 1>>>>>>> − 1> − 1
= 16'384A<1'024A<<<<<<1'024A<2'048A> − 1

No.5-11　2<2<<<<<<<<2<31> − 1>>>>>>>> − 1> − 1
= 16'384A<1'024A<<<<<<<1'024A<2'048A> − 1

No.5-12　2<2<<<<<<<<<2<31> − 1>>>>>>>>> − 1> − 1
= 16'384A<1'024A<<<<<<<<1'024A<2'048A> − 1

No.5-13　2<2<<<<<<<<<<2<31> − 1>>>>>>>>>> − 1> − 1
= 16'384A<1'024A<<<<<<<<<1'024A<2'048A> − 1

■ No.2-4

1）計算過程

$2<127>-1=A^8/2-1=32'768A^7-1$

2）図解説明

一辺が$16'384A^7+1$の正方形を利用します。（下図、太線の正方形）

この正方形の左上隅から一辺が$16'384A^7-2$のやや小さめの正方形を取り除くと、その跡には巾が3の山型図形が残ります。

この山型図形の立ち上がり部分【巾；3　高さ；$16'384A^7-2$】を右下方向に回転させながら移動してできる「短辺が3の細長い矩形」の長辺がここでのメルセンヌ素数に該当します。

また完全数P_{2-4}は、$16'734A^{7'}(32'768A^7-1)$ です。（図中の破線参照）

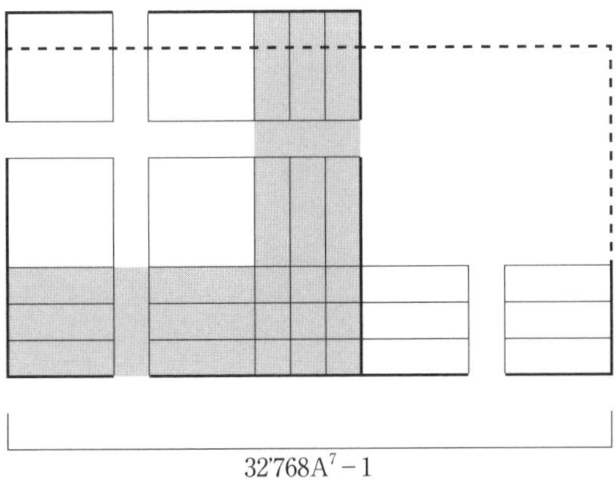

図8-1　No.2-4のメルセンヌ素数と完全数P_{2-4}

■ No.2-5

1）計算過程

$$2<2<127>-1>-1=2<32'768A^7-1>-1=A<2'048A^7>-1>-1$$
$$=A<2'048A^7>/2-1$$
$$=32'768A<2'048A^7>/2-1$$
$$=16'384A<2'048A^7>-1$$

2）図解説明

一辺が$8'192A<2'048A^7>+1$の正方形を利用します。（下図、太線の正方形）

この正方形の左上隅から一辺が$8'192A<2'048A^7>-3$のやや小さめの正方形を取り除くと、その跡には巾が3の山型図形が残ります。

この山型図形の立ち上がり部分【巾；3　高さ；$8'192A<2'048A^7>-3$】を右下方向に回転させながら移動してできる「短辺が3の細長い矩形」の長辺がここでのメルセンヌ素数に該当します。

完全数P_{2-5}は、

（$8'192A<2'048A^7>$）＊（$16'384A<2'048A^7>-1$）です。（図中の破線参照）

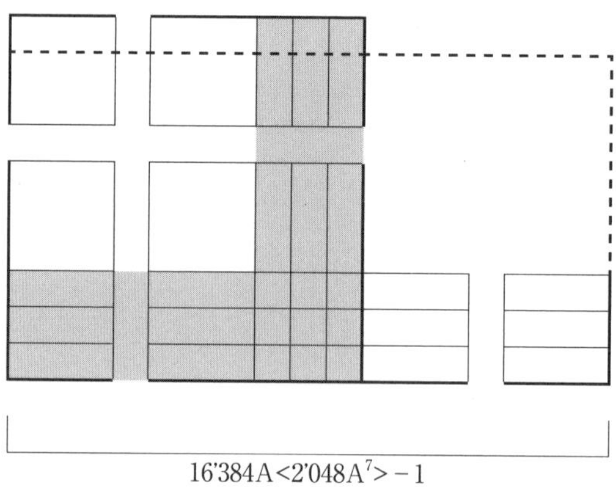

図8-2　No.2-5のメルセンヌ素数と完全数P_{2-5}

■ No.2-6

1) 計算過程

$$2<2<2<127>-1>-1>-1=2<16'384A<2'048A^7>-1>-1$$
$$=A<1'024A<2'048A^7>/2-1$$
$$=32'768A<1'024A<2'048A^7>/2-1$$
$$=16'384A<1'024A<2'048A^7>-1$$

2) 図解説明

一辺が$8'192A<1'024A<2'048A^7>+1$の正方形を利用します。(下図、太線の正方形)

この正方形の左上隅から一辺が$8'192A<1'024A<2'048A^7>-2$のやや小さめの正方形を取り除くと、その跡には巾が3の山型図形が残ります。

この山型図形の立ち上がり部分【巾;3　高さ;$8'192A<1'024A<2'048A^7>-2$】を右下方向に回転させながら移動してできる「短辺が3の細長い矩形」の長辺がここでのメルセンヌ素数に該当します。

完全数P_{2-6}は、

$(8'192A<1'024A<2'048A^7>)*(16'384A<1'024A<2'048A^7>-1)$ です。(図中の破線参照)

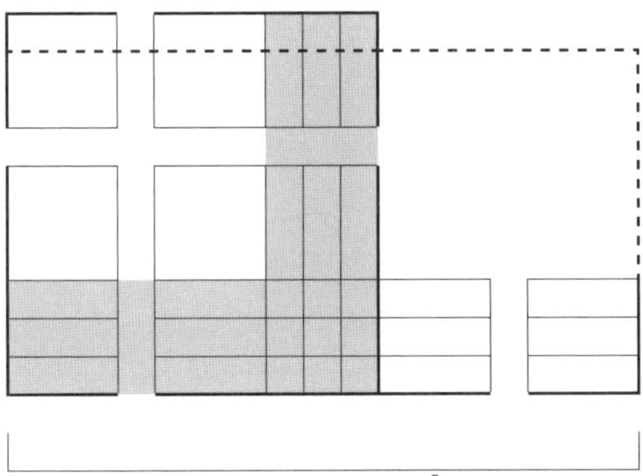

図8-3　No.2-6のメルセンヌ素数と完全数P_{2-6}

■ No.2-7

1）計算過程

2<2<<2<127>−1>>−1>−1＝2<16'384A<1'024A<2'048A^7>−1>−1

＝A<1'024A<1'024A<2'048A^7>/2−1

＝32'768A<<1'024A<2'048A^7>/2−1

＝16'384A<1'024A<1'024A<2'048A^7>−1

2）図解説明

一辺が8'192A<1'024A<1'024A<2'048A^7>＋1の正方形を利用します。（下図、太線の正方形）

この正方形の左上隅から一辺が8'192A<1'024A<1'024A<2'048A^7>−2のやや小さめの正方形を取り除くと、その跡には巾が3の山型図形が残ります。

この山型図形の立ち上がり部分【巾；3　高さ；8'192A<1'024A<1'024A<2'048A^7>−2】を右下方向に回転させながら移動してできる「短辺が3の細長い矩形」の長辺がここでのメルセンヌ素数に該当します。

完全数P_{2-7}は、

(8'192A<1'024A<1'024A<2'048A^7>)∗(16'384A<1'024A<1'024A<2'048A^7>−1)

です。（図中の破線参照）

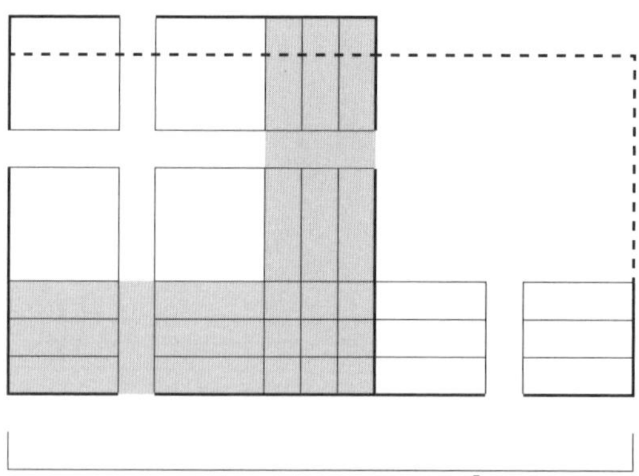

16'384A<1'024A<1'024A<2'048A^7>−1

図8-4　No.2-7のメルセンヌ素数と完全数P_{2-7}

■ No.2-8

1）計算過程

2<2<<<2<127> − 1>>> − 1> − 1

= 2<16'384A<1'024A<1'024A<2'048A^7> − 1> − 1

= A<1'024A<<1'024A<2'048A^7>/2 − 1

= 32'768A<1'024A<<1'024A<2'048A^7>/2 − 1

= 16'384A<1'024A<<1'024A<2'048A^7> − 1

2）図解説明

一辺が8'192A<<<1'024A<2'048A^7> + 1の正方形を利用します。（下図、太線の正方形）

この正方形の左上隅から一辺が8'192A<1'024A<<1'024A<2'048A^7> − 2のやや小さめの正方形を取り除くと、その跡には巾が3の山型図形が残ります。

この山型図形の立ち上がり部分【巾；3　高さ；8'192A<1'024A<<1'024A<2'048A^7> − 2】を右下方向に回転させながら移動してできる「短辺が3の細長い矩形」の長辺がここでのメルセンヌ素数に該当します。

完全数P$_{2-8}$は、（8'192A<1'024A<<1'024A<2'048A^7>）*（16'384A<1'024A<<1'024A<2'048A^7> − 1）です。（図中の破線参照）

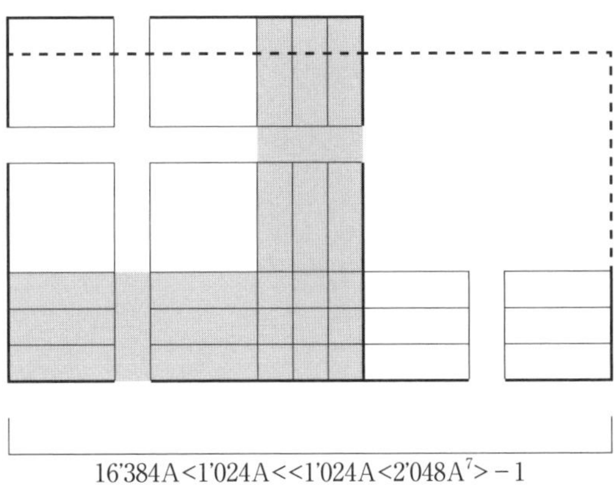

図8-5　No.2-8のメルセンヌ素数と完全数P$_{2-8}$

■ No.2-9

1）計算過程

2<2<<<<2<127> − 1>>>> − 1> − 1

　　= 2<16'384A<1'024A<<1'024A<2'048A^{7}> − 1> − 1

　　= A<1'024A<<<1'024A<2'048A^{7}>/2 − 1

　　= 32'768A1'024A<<<<1'024A<2'048A^{7}>/2　1

　　= 16'384A<1'024A<<<1'024A<2'048A^{7}> − 1

2）図解説明

一辺が8'192A<<<<1'024A<2'048A^{7}> + 1の正方形を利用します。（下図、太線の正方形）

この正方形の左上隅から一辺が8'192A<1'024A<<<1'024A<2'048A^{7}> − 2のやや小さめの正方形を取り除くと、その跡には巾が3の山型図形が残ります。

この山型図形の立ち上がり部分【巾；3　高さ；8'192A<1'024A<<<1'024A<2'048A^{7}> − 2】を右下方向に回転させながら移動してできる「短辺が3の細長い矩形」の長辺がここでのメルセンヌ素数に該当します。

完全数P_{2-9}は、(8'192A<1'024A<<<1'024A<2'048A^{7}>)*(16'384A<1'024A<<<1'024A<2'048A^{7}> − 1）です。（図中の破線参照）

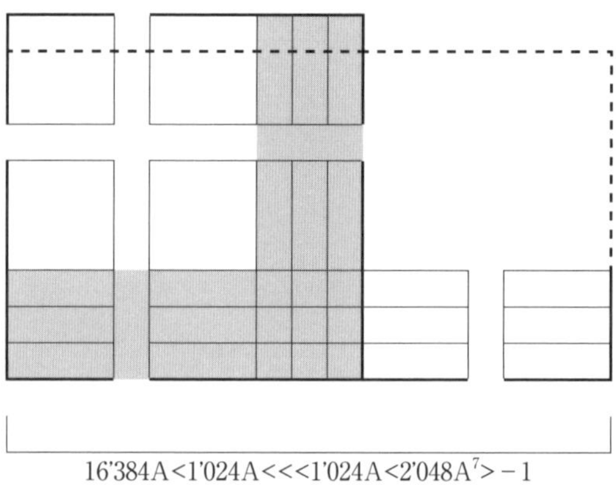

図8-6　No.2-9のメルセンヌ素数と完全数P_{2-9}

■ №2-10

1）計算過程

2<2<<<<<2<127>－1>>>>>－1>－1

　　＝2<16'384A<1'024A<<<1'024A<2'048A^7>－1>－1

　　＝A<1'024A<<<<1'024A<2'048A^7>/2－1

　　＝32'768A<1'024A<<<<1'024A<2'048A^7>/2－1

　　＝16'384A<1'024A<<<<1'024A<2'048A^7>－1

2）図解説明

一辺が8'192A<1'024A<<<<1'024A<2'048A^7>＋1の正方形を利用します。(下図、太線の正方形)

この正方形の左上隅から一辺が8'192A<1'024A<<<<1'024A<2'048A^7>－2のやや小さめの正方形を取り除くと、その跡には巾が3の山型図形が残ります。

この山型図形の立ち上がり部分【巾；3　高さ；8'192A<<<<<1'024A<2'048A^7>－2】を右下方向に回転させながら移動してできる「短辺が3の細長い矩形」の長辺が、ここでのメルセンヌ素数に該当します。

完全数P_2-1_0は、(8'192A<1'024A<<<<1'024A<2'048A^7>)＊(16'384A<1'024A<<<<1'024A<2'048A^7>－1）です。(図中の破線参照)

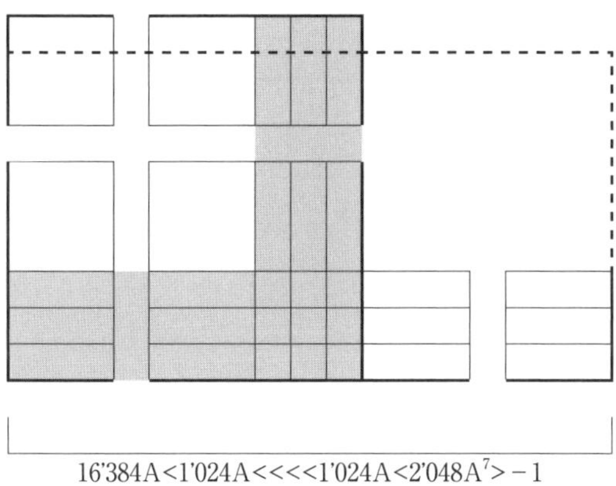

図8-7　№2-10のメルセンヌ素数と完全数P_{2-10}

■ No.5-2

1）計算過程

$2<31>-1=A^2/2-1=32'768A-1$　　　　（ただし、$2^{16}=65'536=A$）

2）図解説明

一辺が16'384A＋1の正方形を利用します。（下図、太線の正方形）

この正方形の左上隅から一辺が16'384A－2のやや小さめの正方形を取り除くと、その跡には巾が3の山型図形が残ります。

この山型図形の立ち上がり部分【巾；3　高さ；16'384A－2】を右下方向に回転させながら移動してできる「短辺が3の細長い矩形」の長辺がここでのメルセンヌ素数に該当します。

また完全数P_{5-2}は、16'734A＊（32'768A－1）です。（図中の破線参照）

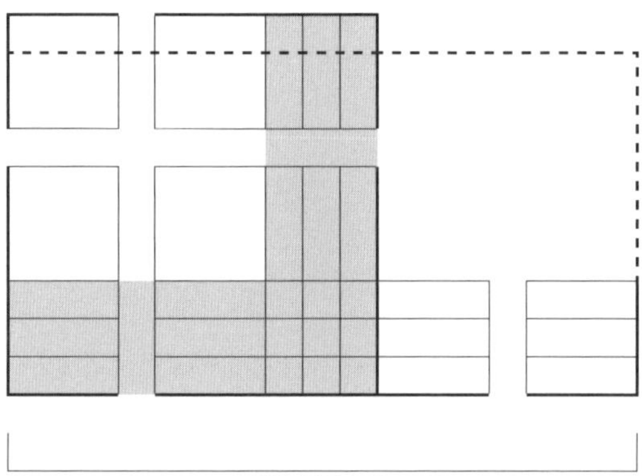

図8-8　No.5-2のメルセンヌ素数と完全数P_{5-2}

■ No.5-3

1）計算過程

2<2<31>－1>－1＝2<32'768A－1>－1＝A<2'048A>－1>－1

＝A<2'048A>/2－1

＝32'768A<2'048A>/2－1

＝16'384A<2'048A>－1

2）図解説明

一辺が8'192A<2'048A>＋1の正方形を利用します。（下図、太線の正方形）

この正方形の左上隅から一辺が8'192A<2'048A>－2のやや小さめの正方形を取り除くと、その跡には巾が3の山型図形が残ります。

この山型図形の立ち上がり部分【巾；3　高さ；8'192A<2'048A>－2】を右下方向に回転させながら移動してできる「短辺が3の細長い矩形」の長辺がここでのメルセンヌ素数に該当します。

また完全数P_{5-3}は、（8'192A<2'048A>）＊（16'384A<2'048A>－1）です。（図中の破線参照）

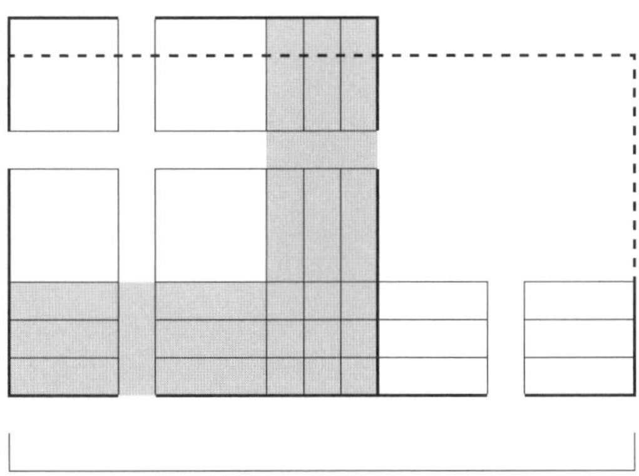

図8-9　No.5-3のメルセンヌ素数と完全数P_{5-3}

■ No.5-4

1）計算過程

2<2<2<31>－1>－1>－1＝2<16'384A<2'048A>－1>－1

＝A<1'024A<2'048A>－1>－1

＝A<1'024A<2'048A>/2－1

＝32'768A<1'024A<2'048A>/2－1

＝16'384A<1'024A<2'048A>－1

2）図解説明

一辺が8'192A<1'024A<2'048A>＋1の正方形を利用します。（下図、太線の正方形）

この正方形の左上隅から一辺が8'192A<1'024A<2'048A>－2のやや小さめの正方形を取り除くと、その跡には巾が3の山型図形が残ります。

この山型図形の立ち上がり部分【巾；3　高さ；8'192A<1'024A<2'048A－2】を右下方向に回転させながら移動してできる「短辺が3の細長い矩形」の長辺がここでのメルセンヌ素数に該当します。

完全数P_{5-4}は、

（8'192A<1'024<2'048>）＊（16'384A<1'042<2'048A>－1）です。（図中の破線参照）

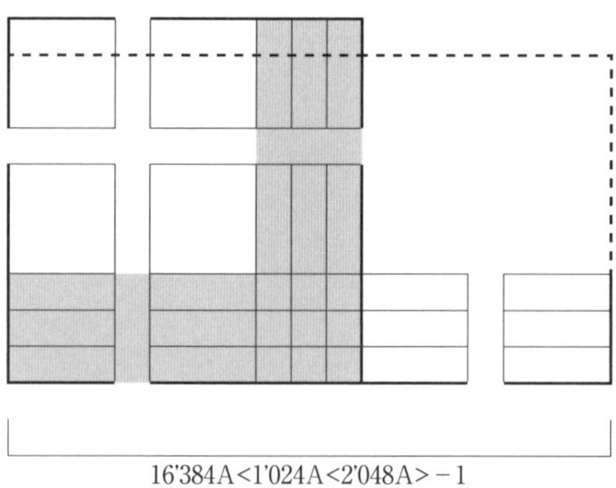

図8-10　No.5-4のメルセンヌ素数と完全数P_{5-4}

■ No.5-5

1）計算過程

2<2<<2<31>−1>>−1>−1＝2<16'384A<1'024A<2'048A>−1>−1

＝A<1'024A<1'024A<2'048A>−1>−1

＝A<1'024A<1'024A<2'048A>/2−1

＝32'768A<1'024A<1'024A<2'048A>/2−1

＝16'384A<1'024A<1'024A<2'048A>−1

2）図解説明

一辺が8'192A<1'024A<1'024A<2'048A>＋1の正方形を利用します。（下図、太線の正方形）

この正方形の左上隅から一辺が8'192A<1'024A<<2'048A>−2のやや小さめの正方形を取り除くと、その跡には巾が3の山型図形が残ります。

この山型図形の立ち上がり部分【巾；3　高さ；8'192A<1'024A<2'048A−2】を右下方向に回転させながら移動してできる「短辺が3の細長い矩形」の長辺がここでのメルセンヌ素数に該当します。

完全数P_{5-5}は、

（8'192A<1'024A<1'024A<2'048A>）∗（16'384A<1'024A<1'024A<2'048A>−1）

です。（図中の破線参照）

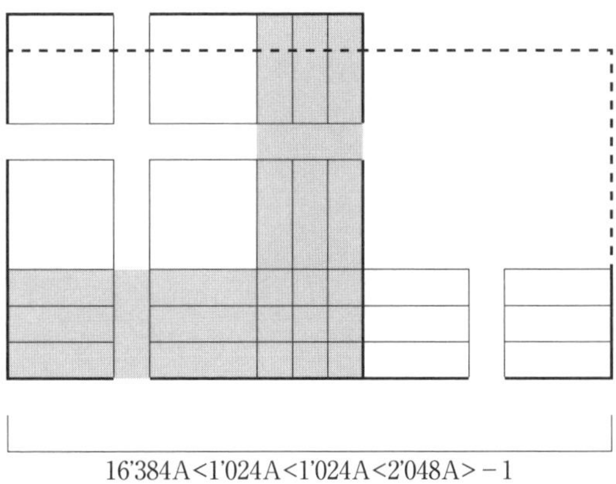

図8-11　No.5-5のメルセンヌ素数と完全数P_{5-5}

■ №5-6

1）計算過程

2<2<<<2<31>−1>>>−1>−1

=2<16'384A<1'024A<1'024A<2'048A>−1>−1

=A<1'024A<<1'024A<2'048A>/2−1

=32'768A<1'024A<<1'024A<2'048A>/2−1

=16'384A<1'024A<<1'024A<2'048A>−1

2）図解説明

一辺が8'192A<1'024A<<1'024A<2'048A>+1の正方形を利用します。（下図、太線の正方形）

この正方形の左上隅から一辺が8'192A<1'024A<<1'024A<2'048A>−2のやや小さめの正方形を取り除くと、その跡には巾が3の山型図形が残ります。

この山型図形の立ち上がり部分【巾；3　高さ；8'192A<1'024A<<1'024A<2'048A>−2】を右下方向に回転させながら移動してできる「短辺が3の細長い矩形」の長辺がここでのメルセンヌ素数に該当します。

完全数P_{5-6}は、

（8'192A<1'024A<<1'024A<2'048A>）*（16'384A<1'024A<<1'024A<2'048A>−1）です。（図中の破線参照）

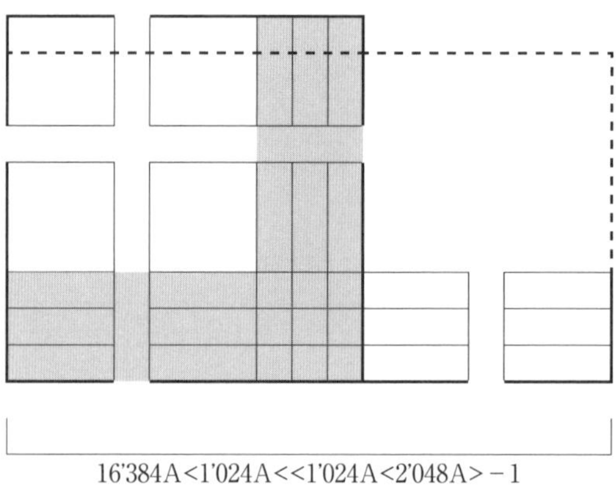

図8-12　№5-6のメルセンヌ素数と完全数P_{5-6}

■ No.5-7

1）計算過程

2<2<<<<2<31>－1>>>>－1>－1

　　　　　＝2<16’384A<1’024A<<1’024A<2’048A>－1>－1

　　　　　＝A<1’024A<<<1’024A<2’048A>/2－1

　　　　　＝32’768A<1’024A<<<1’024A<2’048A>/2－1

　　　　　＝16’384A<1’024A<<<1’024A<2’048A>－1

2）図解説明

一辺が8’192A<1’024A<<<1’024A<2’048A>＋1の正方形を利用します。（下図、太線の正方形）

この正方形の左上隅から一辺が8’192A<1’024A<<<1’024A<2’048A>－2のやや小さめの正方形を取り除くと、その跡には巾が3の山型図形が残ります。

この山型図形の立ち上がり部分【巾；3　高さ；8’192A<1’024A<<<<1’024A<2’048A>－2】を右下方向に回転させながら移動してできる「短辺が3の細長い矩形」の長辺がここでのメルセンヌ素数に該当します。

完全数P_{5-7}は、

（8’192A<1’024A<<<1’024A<2’048A>）＊（16’384A<1’024A<<<1’024A<2’048A>－1）です。（図中の破線参照）

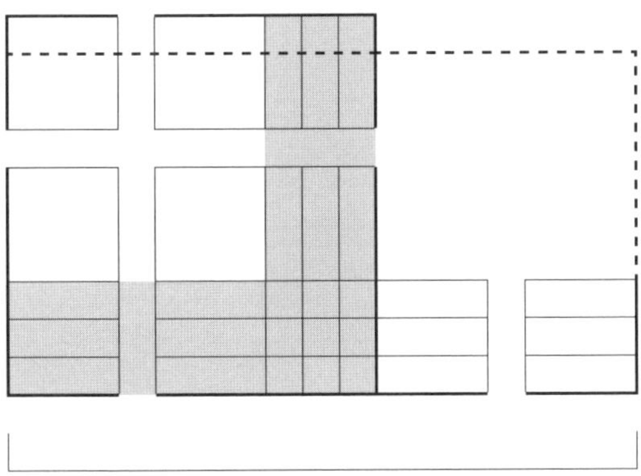

16’384A<1’024A<<<1’024A<2’048A>－1

図8-13　No.5-7のメルセンヌ素数と完全数P_{5-7}

■ No.5-8

1）計算過程

2<2<<<<<2<31>－1>>>>>－1>－1

＝2<16’384A<1’024A<<<1’024A<2’048A>－1>－1

＝A<<<<<1’024A<2’048A>/2－1

－32’768A<1’024A<<<<1’024A<2’048A>/2　1

＝16’384A<1’024A<<<<1’024A<2’048A>－1

2）図解説明

一辺が8’192A<1’024A<<<<1’024A<2’048A>＋1の正方形を利用します。（下図、太線の正方形）

この正方形の左上隅から一辺が8’192A<<<<<1’024A<2’048A>－2のやや小さめの正方形を取り除くと、その跡には巾が3の山型図形が残ります。

この山型図形の立ち上がり部分【巾；3　高さ；8’192A<1’024A<<<<1’024A<2’048A>－2】を右下方向に回転させながら移動してできる「短辺が3の細長い矩形」の長辺がここでのメルセンヌ素数に該当します。

完全数P_{5-8}は

（8’192A<1’024A<<<<1’024A<2’048A>）＊（16’384A<1’024A<<<<1’024A<2’048A>－1）です。（図中の破線参照）

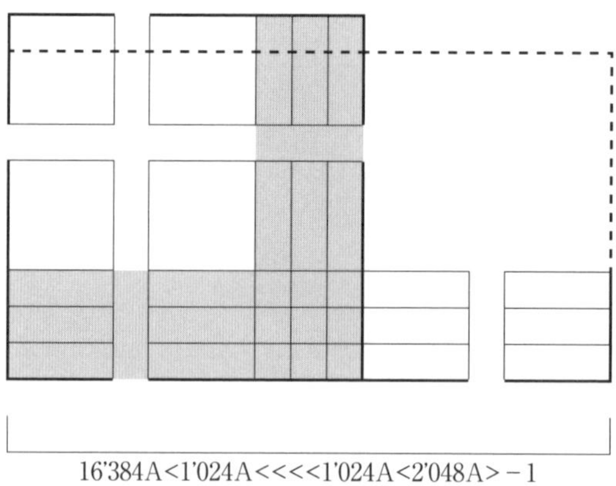

図8-14　No.5-8のメルセンヌ素数と完全数P_{5-8}

■ No.5-9

1）計算過程

2<2<<<<<<2<31>−1>>>>>>−1>−1

=2<16’384A<1’024A<<<<1’024A<2’048A>−1>−1

=A<1’024A<<<<<1’024A<2’048A>/2−1

=32’768A<1’024A<<<<<1’024A<2’048A>/2−1

=16’384A<1’024A<<<<<1’024A<2’048A>−1

2）図解説明

一辺が8’192A<1’024A<<<<<1’024A<2’048A>+1の正方形を利用します。（下図、太線の正方形）

この正方形の左上隅から一辺が8’192A<<<<<<1’024A<2’048A>−2のやや小さめの正方形を取り除くと、その跡には巾が3の山型図形が残ります。

この山型図形の立ち上がり部分【巾；3　高さ；8’192A<1’024A<<<<<1’024A<2’048A>−2】を右下方向に回転させながら移動してできる「短辺が3の細長い矩形」の長辺がここでのメルセンヌ素数に該当します。

完全数P_{5-9}は、

(8’192A<1’024A<<<<<1’024A<2’048A>)＊(16’384A<1’024A<<<<<1’024A<2’048A>−1)です。（図中の破線参照）

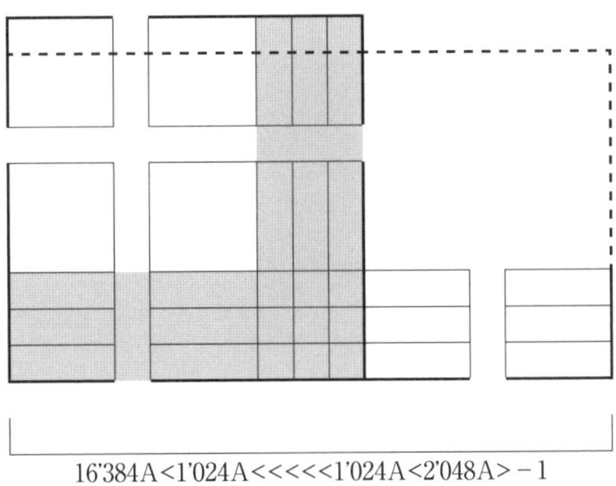

図8-15　No.5-9のメルセンヌ素数と完全数P_{5-9}

■ No.5-10

1）計算過程

2<2<<<<<<<2<31>－1>>>>>>>－1>－1

　　＝2<16'384A<1'024A<<<<<1'024A<2'048A>－1>－1

　　＝A<1'024A<<<<<<1'024A<2'048A>/2－1

　　＝32'768A<1'024A<<<<<<1'024A<2'048A>/2－1

　　＝16'384A<1'024A<<<<<<1'024A<2'048A>－1

2）図解説明

一辺が8'192A<1'024A<<<<<<1'024A<2'048A>＋1の正方形を利用します。（下図、太線の正方形）

この正方形の左上隅から一辺が8'192A<1'024A<<<<<<1'024A<2'048A>－2のやや小さめの正方形を取り除くと、その跡には巾が3の山型図形が残ります。

この山型図形の立ち上がり部分【巾；3　高さ；8'192A<1'024A<<<<<<1'024A<2'048A>－2】を右下方向に回転させながら移動してできる「短辺が3の細長い矩形」の長辺がここでのメルセンヌ素数に該当します。

完全数P_{5-10}は、

（8'192A<1'024A<<<<<<1'024A<2'048A>）＊（16'384A<1'024A<<<<<<1'024A<2'048A>－1）です。（図中の破線参照）

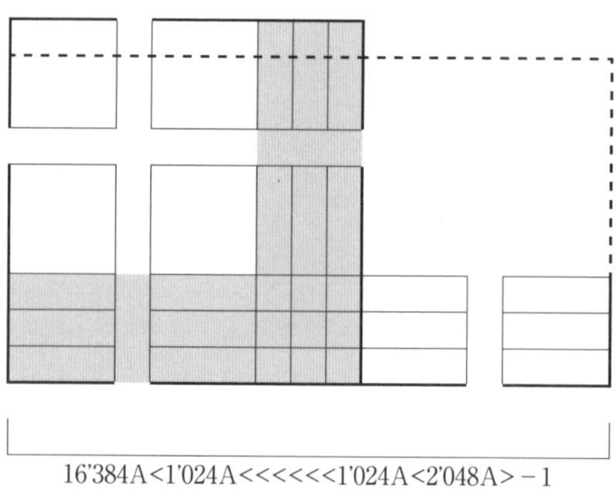

図8-16　No.5-10のメルセンヌ素数と完全数P_{5-10}

■ No.5-11

1）計算過程

2<2<<<<<<<<2<31>−1>>>>>>>>>−1>−1

=2<16'384A<1'024A<<<<<<1'024A<2'048A>−1>−1

=A<1'024A<<<<<<<1'024A<2'048A>/2−1

=32'768A<1'024A<<<<<<<1'024A<2'048A>/2−1

=16'384A<1'024A<<<<<<<1'024A<2'048A>−1

2）図解説明

一辺が8'192A<1'024A<<<<<<<1'024A<2'048A>＋1の正方形を利用します。（下図、太線の正方形）

この正方形の左上隅から一辺が8'192A<1'024A<<<<<<<1'024A<2'048A>−2のやや小さめの正方形を取り除くと、その跡には巾が3の山型図形が残ります。

この山型図形の立ち上がり部分【巾；3　高さ；8'192A<1'024A<<<<<<<1'024A<2'048A>−2】を右下方向に回転させながら移動してできる「短辺が3の細長い矩形」の長辺が、ここでのメルセンヌ素数に該当します。

完全数P_{5-11}は、

(8'192A<1'024A<<<<<<<1'024A<2'048A>)＊(16'384A<1'024A<<<<<<<1'024A<2'048A>−1）です。（図中の破線参照）

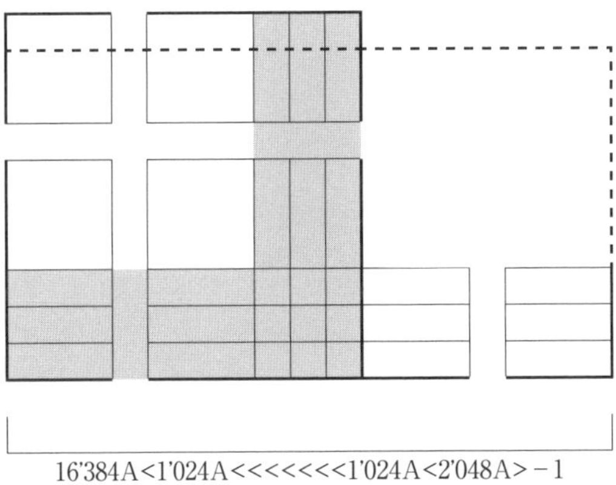

図8-17　No.5-11のメルセンヌ素数と完全数P_{5-11}

■ No.5-12

1）計算過程

2<2<<<<<<<<<<2<31>－1>>>>>>>>>>－1>－1

=2<16'384A<1'024A<<<<<<<<1'024A<2'048A>－1>－1

=A<1'024A<<<<<<<<<1'024A<2'048A>/2－1

=32'768A<1'024A<<<<<<<<<1'024A<2'048A>/2－1

=16'384A<1'024A<<<<<<<<<1'024A<2'048A>－1

2）図解説明

一辺が8'192A<1'024A<<<<<<<<<1'024A<2'048A>＋1の正方形を利用します。（下図、太線の正方形）

この正方形の左上隅から一辺が8'192A<1'024A<<<<<<<<<1'024A<2'048A>－2のやや小さめの正方形を取り除くと、その跡には巾が3の山型図形が残ります。

この山型図形の立ち上がり部分【巾；3　高さ；8'192A<1'024A<<<<<<<<1'024A<2'048A>－2】を右下方向に回転させながら移動してできる「短辺が3の細長い矩形」の長辺がここでのメルセンヌ素数に該当します。

完全数P_{5-12}は、

（8'192A<1'024A<<<<<<<<<1'024A<2'048A>）＊（16'384A<1'024A<<<<<<<<<1'024A<2'048A^{7}>－1です。（図中の破線参照）

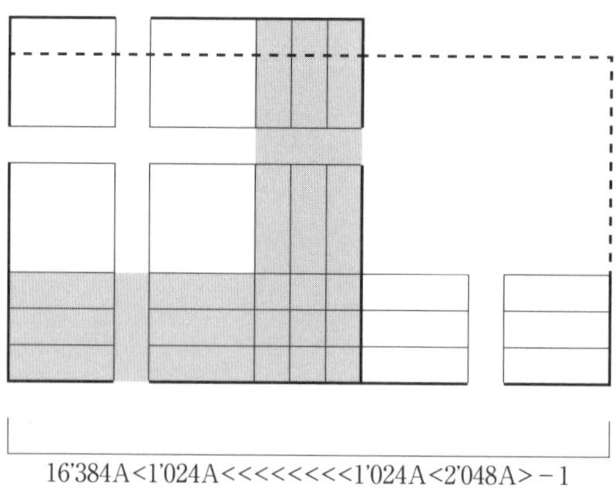

図8-18　No.5-12のメルセンヌ素数と完全数P_{5-12}

■ No.5-13

1）計算過程

2<2<<<<<<<<<<2<31>－1>>>>>>>>>>>－1>－1

=2<16'384A<1'024A<<<<<<<1'024A<2'048A>－1>－1

=A<<<<<<<<<<1'024A<2'048A>/2－1

=32'768A<1'024A<<<<<<<<<1'024A<2'048A>/2－1

=16'384A<1'024A<<<<<<<<<1'024A<2'048A>－1

2）図解説明

一辺が8'192A<1'024A<<<<<<<<<1'024A<2'048A>＋1の正方形を利用します。（下図、太線の正方形）

この正方形の左上隅から一辺が8'192A<1'024A<<<<<<<<<1'024A<2'048A>－2のやや小さめの正方形を取り除くと、その跡には巾が3の山型図形が残ります。

この山型図形の立ち上がり部分【巾；3　高さ；8'192A<1'024A<<<<<<<<<1'024A<2'048A>－2】を右下方向に回転させながら移動してできる「短辺が3の細長い矩形」の長辺がここでのメルセンヌ素数に該当します。

完全数P_{5-13}は、

（8'192A<1'024A<<<<<<<<<1'024A<2'048A>）＊（16'384A<1'024A<<<<<<<<<1'024A<2'048A>－1）です。（図中の破線参照）

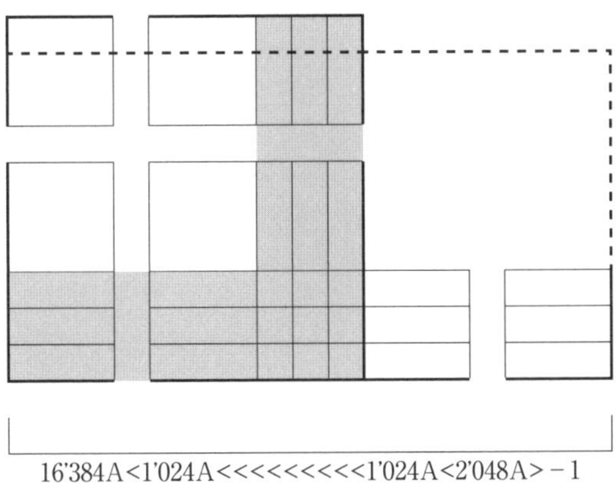

図8-19　No.5-13のメルセンヌ素数と完全数P_{5-13}

■系列別素数の展開

2を定とする対数数関係を保つメルセンヌ素数の二つの系列は、それぞれに上りエスカレーターにも似た規則的な展開を示します。スタート階の値（a）と到着階の値（b）、及び、階段の踏み面（づら）に相当する部分の値（c）の3者間に、次のような関係がみられます。

1）2<2^{31}−1>−1以上及び2<2^{127}−1>−1以上における（a）は、どちらの系列でも、また、素数の大小を問わず同値（16'384A）です。

2）2<2^{31}−1>−1以上における（b）は、素数の大小を問わず常に<2'048A>です。

3）2<2^{127}−1>−1以上における（b）は、素数の大小を問わず常に<2'048A^{7}>です。

4）2<2<2^{31}−1>−1>−1以上及び2<2<2^{127}−1>−1>−1以上における（c）は、どちらの系列でも、また、素数の大小を問わず同値（<1'024A>）です。

そしてこれらの関係は、対象となるメルセンヌ素数がいかに巨大になっても成立します。例えば、第一系列上にある「№2-1'000'000」というメルセンヌ素数候補は、次のように表現できます。

2<2<…（999'997個）…<2<127>−1>…（999'997個）…>−1
＝16'384<1'024A<…（999'995個）…<1'024A<2'048A^{7}>−1

■まとめ“超超々巨大素数（候補）の紹介”

前例で、第一系列に属する（№2-百万）番目に当たるメルセンヌ素数を取り上げましたが、ここでは更に大きな“超超々巨大素数（候補）”を2件紹介します。

□№2-1億

1）計算過程（中間省略）

2<2<…{(1億－3）個}…<2<127>－1>…{(1億－3）個)}…>－1>－1

＝16’384<1’024A<…{(1億－5）個}…<1’024A<2’048A^{7}>－1

2）図解説明（下図参照）

一辺が8’192A<1’024A<…{(1億－5）個}…<1’024A<2’048A^{7}>＋1の正方形を利用します。（下図、太線の正方形）

この正方形の左上隅から一辺が[8’192A<1’024A<…{(1億－5）個}…<1’024A<2’048A^{7}>－1]のやや小さめの正方形を取り除くと、その跡には巾が3の山型図形が残ります。この山型図形の立ち上がり部分【巾；3 高さ；8’192A<1’024A<…{(1億－5）個}…<1’024A<2’048A^{7}>－2】を右下方向に回転させながら移動してできる「短辺が3の細長い矩形」の長辺が、ここでのメルセンヌ素数、

№2-1億＝16’384<1’024A<…{(1億－5）個}…<1’024A<2’048A^{7}>－1 です。

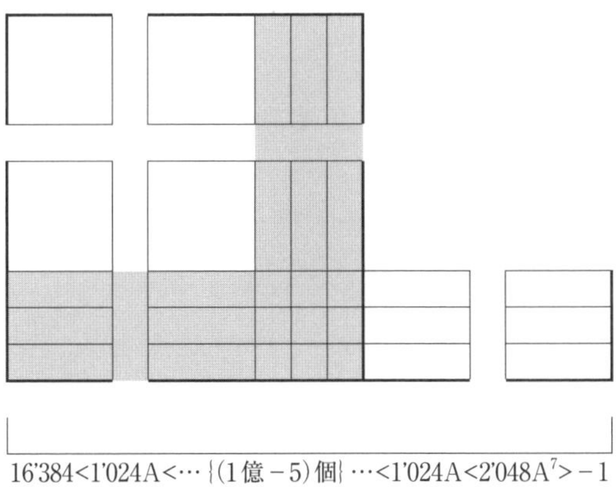

図8-20（№2-1億）のメルセンヌ素数（候補）

□No.5-1億

1）計算過程（中間省略）

2<2<… {(1億－3）個} …<2<31>－1>… {(1億－3）個)} …>－1>－1

＝16'384<1'024A<… {(1億－5）個} …<1'024A<2'048A>－1

2）図解説明（下図参照）

一辺が8'192A<1'024A<… {(1億－5）個} …<1'024A<2'048A>＋1の正方形を利用します。（下図、太線の正方形）

この正方形の左上隅から一辺が[8'192A<1'024A<… {(1億－5）個} …<1'024A<2'048A>－1]のやや小さめの正方形を取り除くと、その跡には巾が3の山型図形が残ります。この山型図形の立ち上がり部分【巾；3　高さ；8'192A<1'024A<… {(1億－5）個} …<1'024A<2'048A>－2】を右下方向に回転させながら移動してできる「短辺が3の細長い矩形」の長辺が、ここでのメルセンヌ素数、

No.5-1億＝16'384<1'024A<… {(1億－5）個} …<1'024A<2'048A>－1です。

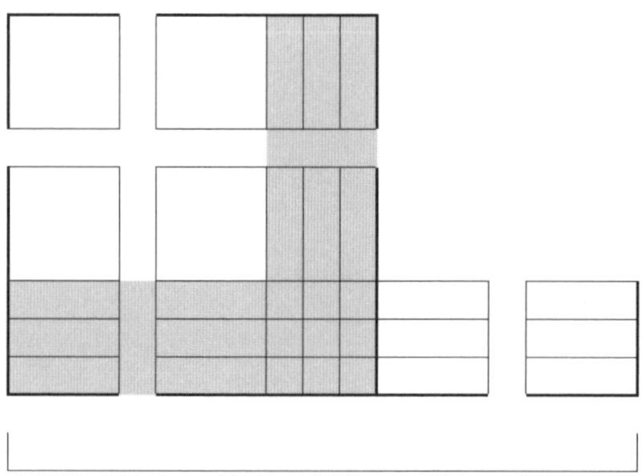

図8-21（No.5-1億）のメルセンヌ素数（候補）

続・玉手箱その9

『多脚素数』予想

■双子素数と四つ子素数

前著の玉手箱その3において、「八つ子素数をみーつけた」と大はしゃぎしました。今回はこれを発展させて、素数の『多脚性』をより厳密に検討します。

双子素数、四つ子素数ともに一般化した呼称ですが、前者が11と13のように連続した素数であるのに対し、後者は11、13、17、19、のように、13と17の間には15という奇数が一つ挟まっています。

双子素数は通常、6n±1から求められます。つまり、6n+1と6n−1の双方ともに素数である場合を指しています。この場合の±1を『脚（あし）』と呼ぶことにします。双子素数の脚は2個ですから、“2脚素数”という呼称の方が理にかなっています。

四つ子素数の方は少し事情が異なります。前例で見るように、15±2から13と17、15±4から11と19を求めることができます。

つまり、これは代表値15に対して±2と±4の合計4個の脚（あし）を持つ場合に相当しているわけです。

したがってこの場合は、4脚素数と呼ぶ方が妥当とみなせます。

■2脚素数

2脚素数とは、相異なる2個の素数が連続する場合を指しています。

つまり、相異なる素数同士が最接近するケースです。通常、6n±1で求められますが、ここでは6nの代わりに代表値として（2n−4）を用いています。

図解説明は、以下の通りです。

一辺が2n−4の正方形（図9−1の太線の正方形）の左上隅から一辺が1の小さな正方形を取り除くと、その跡に巾が2n−5の山型図形が残ります。この山型図形の立ち上がり部分【巾；2n−5、高さ；1】を右下方向に回転移動してできる矩形の長辺2n−3と短辺2n−5がともに素数であれば、2脚素数です。脚は±1の2個です。

n=8で（11, 13)、n=53で（101, 103）などがその実例です。（次ページの図参照）

□2脚素数の図解（一般解と実例）

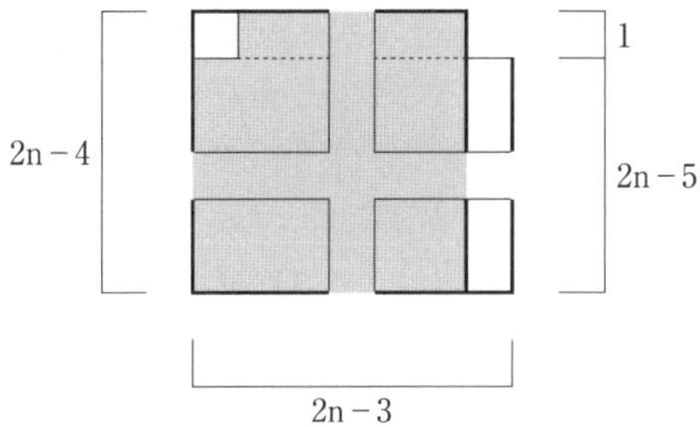

図9-1　2脚素数の一般解
（代表値；2n－4、脚；±1）

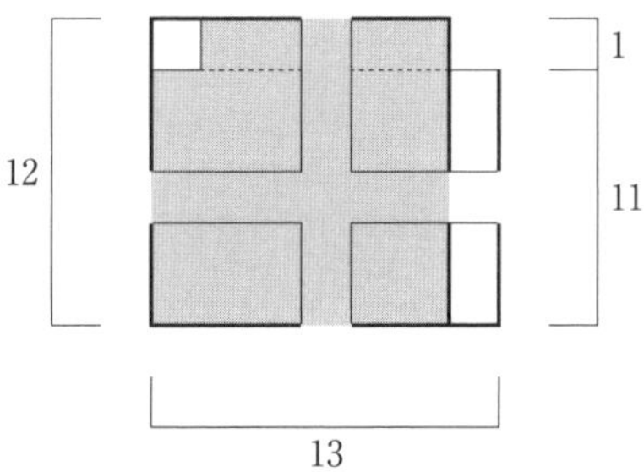

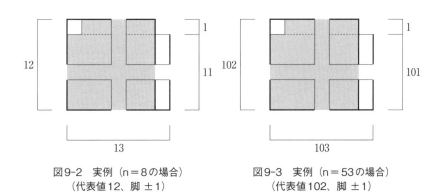

図9-2　実例（n＝8の場合）
（代表値12、脚 ±1）

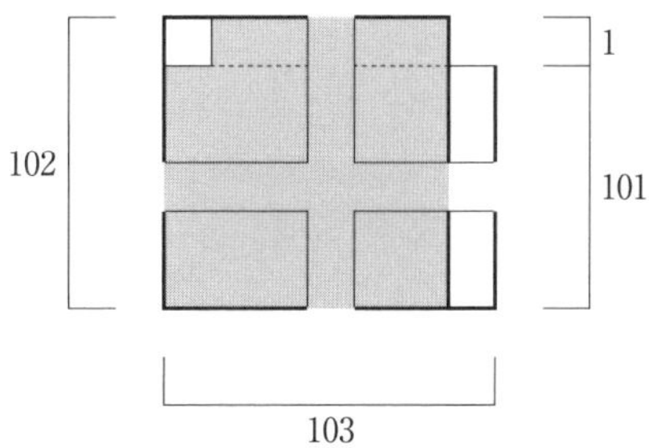

図9-3　実例（n＝53の場合）
（代表値102、脚 ±1）

■4脚（2^2脚）素数

前著の『玉手箱その3；四つ子素数の正体』において、四つ子素数の№1から№158までを追跡しました。

復習しますと、№1は（5,7,11,13）、№2は（11,13,17,19）で、№2以降はいずれにも共通する性質を持っています。それは、末尾が5の奇数を挟んでその前に「末尾が1と3の素数」が並び、その後に「末尾が7と9の素数」が並ぶ合計4個の素数一組で成り立つということです。つまり、末尾が1と3の2脚素数と末尾が7と9の2脚素数が、末尾5の奇数（代表値）を挟んで最接近するケースに他なりません。

ここでの脚は、±2と±4の合計4個です。

一般には15n±2と15n±4で求められますが、ここでは代表値として15nに替えて（2n－7）を用います。

これを図解すると、以下の通りです。

まず、一辺が2n－7の正方形を利用します。（太線の正方形）

この正方形の左上隅から一辺2の小さな正方形を取り除くと、その跡に巾が2n－9の山型図形が残ります。

この山型図形の立ち上がり部分【巾；2n－9、高さ2】を回転移動してできる矩形の長辺2n－5と短辺2n－9のいずれも素数です。（脚は、±2）

続いて、同じ正方形の左上隅から一辺4の小さな正方形を取り除くと、その跡に巾が2n－3の山型図形が残ります。

この山型図形の立ち上がり部分【巾；2n－3、高さ4】を回転移動してできる矩形の長辺2n－3と短辺2n－11のいずれも素数です。（脚は、±4）

これらの素数を順に並べると、（2n－3、2n－5、2n－9、2n－11）であり、4脚素数の一般形が得られます。

具体例としては、n＝11で（11,13,17,19）、n＝56で（101,103,107,109）などが、挙げられます。代表値は前者が15、後者が105です。

□4脚素数の一般解と実例

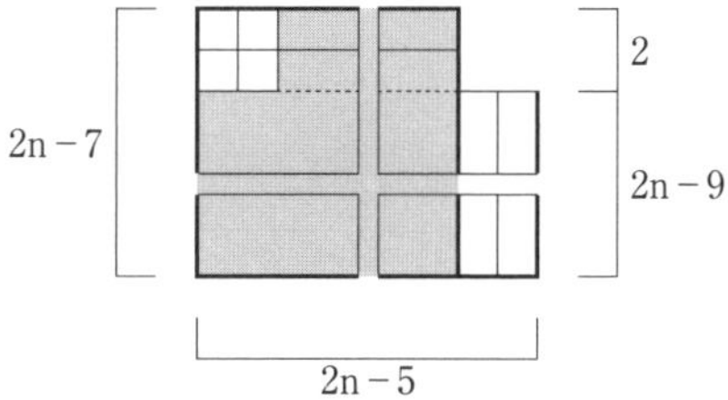

図9-4　4脚素数の一般解
（代表値；2n－7、脚；±2）

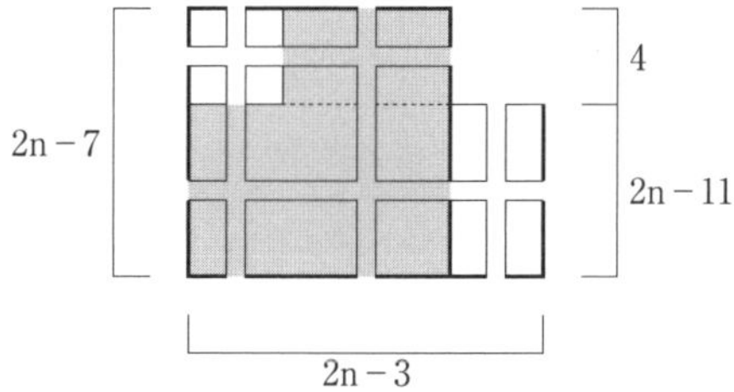

図9-5　4脚素数の一般解
（代表値；2n－7、脚；±4）

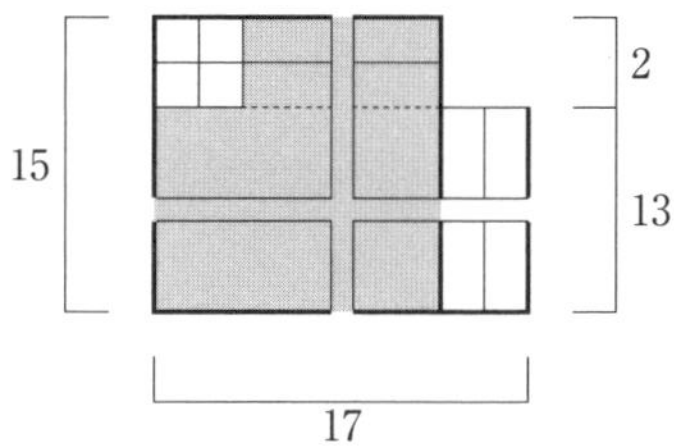

図9-6　実例（n＝11の場合）
（代表値 15、脚 ±2）

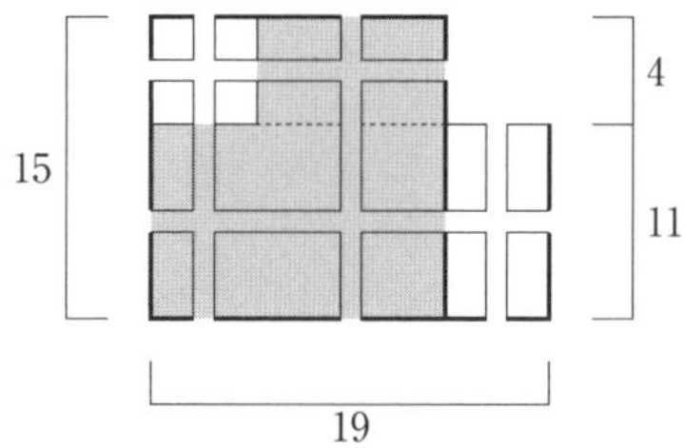

図9-7　実例（同左）
（代表値 15、脚 ±4）

■8脚素数

前著の「玉手箱その3」における『八つ子素数』の発見は確かに画期的な出来事でした。二組の4脚素数が最接近するケースを目の当たりにする幸運に恵まれたからです。その二組とは、以下の通りです。

4脚素数の№157は、(1'006'301, 1'006'303, 1'006'307, 1'006'309)
4脚素数の№158は、(1'006'331, 1'006'333, 1'006'337, 1'006'339)

それぞれの代表値は、1'006'305と1'006'335ですので、8脚素数№1の代表値が1'006'320であり、脚（あし）の内訳が（±11, ±13, ±17, ±19）の合計8個であることが判明しました。

ここでの最大素数である1'006'339を（2n－3）と置けば、8脚素数の一般形を知ることができます。その代表値は（2n－22）で、脚（あし）の内訳は上に述べた通りです。

この図解は、以下のようです。

一辺が（2n－22）の正方形の左上隅から、一辺が11, 13, 17, 及び、19の小さな正方形を取り除いた山型図形の「立ち上がり部分」

【巾　2n－33, 高さ　11】
【巾　2n－35, 高さ　13】
【巾　2n－39, 高さ　17】

及び【巾　2n－41, 高さ　19】を回転移動してできる矩形の、

長辺2n－11と短辺2n－33、
長辺2n－9と短辺2n－35、
長辺2n－5と短辺2n－39、

及び長辺2n－3と短辺2n－41、のいずれもが素数であれば、8脚素数です。

作図は、代表値（2n－22）を挟んで最も離れた脚グループの一般解と、8脚素数№1の実例についてのみ掲載しています。

□8脚素数の図解

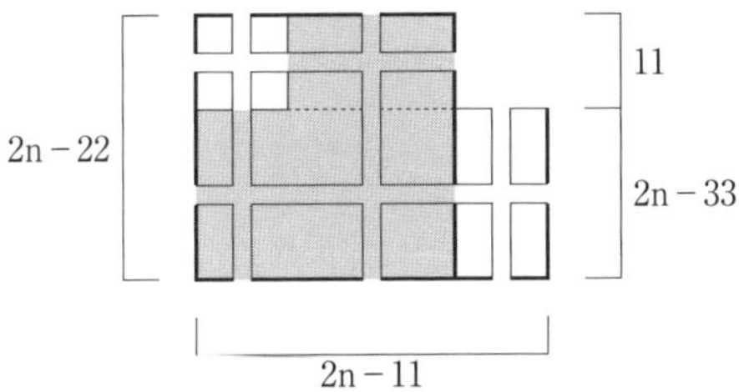

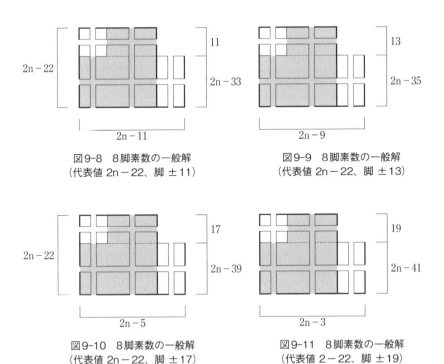

図9-8　8脚素数の一般解
（代表値 2n－22、脚 ±11）

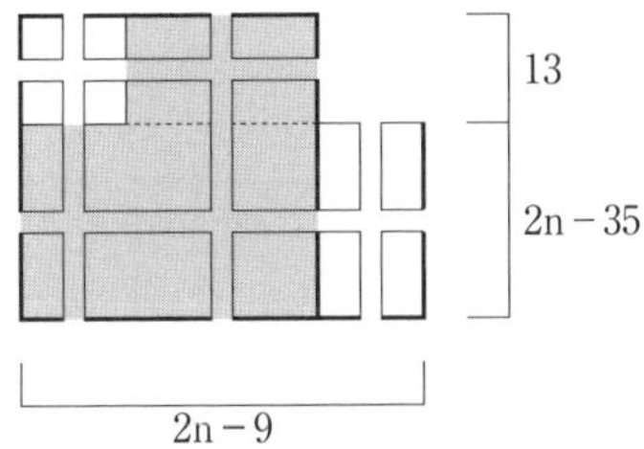

図9-9　8脚素数の一般解
（代表値 2n－22、脚 ±13）

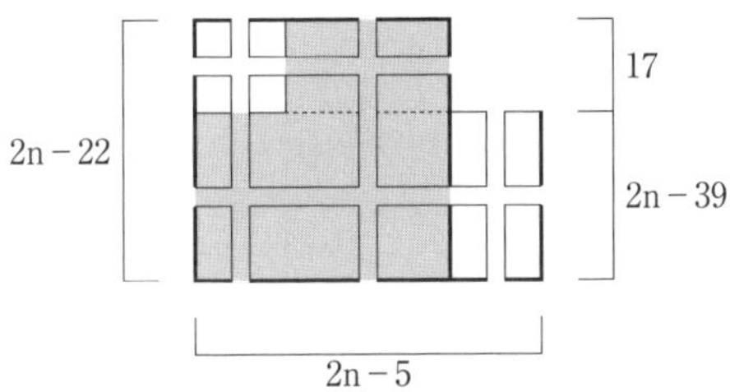

図9-10　8脚素数の一般解
（代表値 2n－22、脚 ±17）

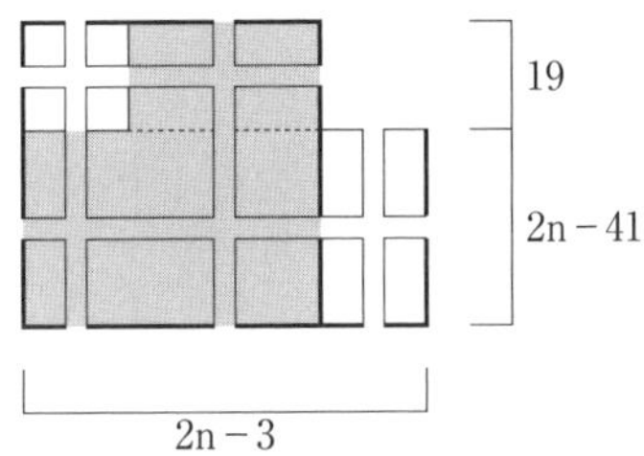

図9-11　8脚素数の一般解
（代表値 2－22、脚 ±19）

□８脚素数No.１の図解

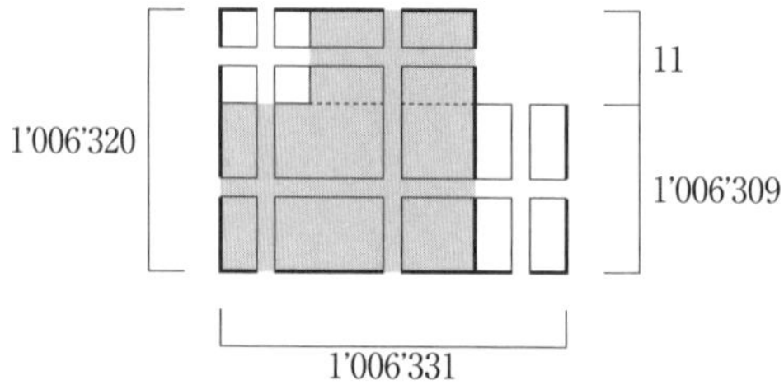

図9-12 実例 8脚素数No.1
(代表値 1'006'320、脚 ±11)

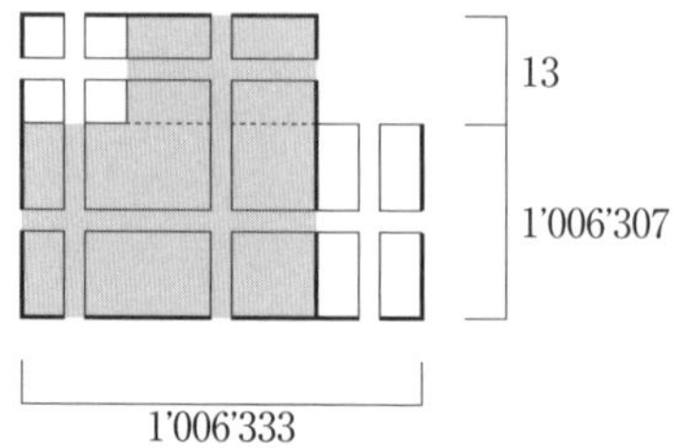

図9-13 実例 8脚素数No.1
(代表値 1'006'320、脚 ±13)

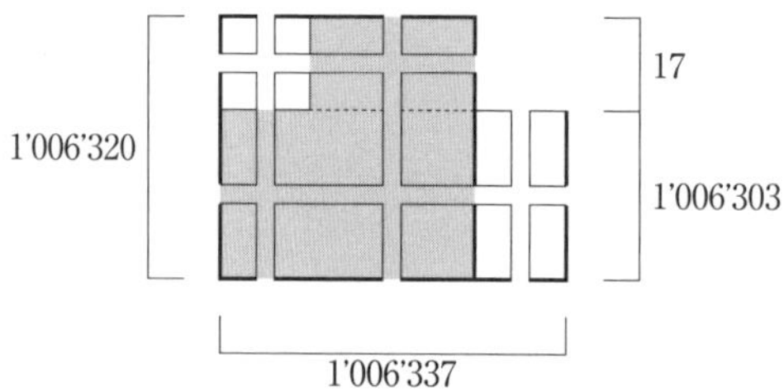

図9-14 実例 8脚素数No.1
(代表値 1'006'320、脚 ±17)

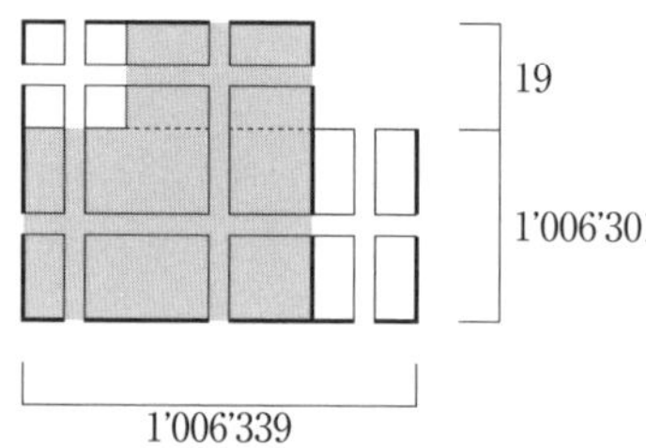

図9-15 実例 8脚素数No.1
(代表値 1'006'320、脚 ±19)

■16脚（2^4脚）素数

16脚素数とは、相異なる二組の8脚素数同士が最接近するケースを指しています。

したがって、16脚素数の代表値は（2n－52）で、その脚の内訳は、

（±11，±13，±17，±19）

及び、（±41，±43，±47，±49）の16個です。

16脚素数の図解は、次の通りです。

一辺が（2n－52）の正方形の左上隅から、一辺が、

11，13，17，19，

及び、41，43，47，49，

の夫々に小さな正方形を取り除いた山型図形の立ち上がり部分、

【巾　2n－63、高さ　11】、　【巾　2n－65、高さ　13】、

【巾　2n－69、高さ　17】、　【巾　2n－71、高さ　19】、

【巾　2n－93、高さ　41】、　【巾　2n－95、高さ　43】、

【巾　2n－99、高さ　47】、　【巾　2n－101、高さ　49】、

を夫々に回転移動してできる矩形の、

長辺2n－41と短辺2n－63、長辺2n－39と短辺2n－65、

長辺2n－35と短辺2n－69、長辺2n－33と短辺2n－71、

長辺2n－11と短辺2n－93、長辺2n－9と短辺2n－95、

長辺2n－5と短辺2n－99、長辺2n－3と短辺2n－101、

のいずれもが素数であれば、16脚素数です。

これら全部を図化すると8通りの作図となりますが、ここでは代表値（2n－52）に最も近い±11の場合と、最も遠い±49の場合の二通りのみを掲載しています。

□16脚素数（一般形）の図解

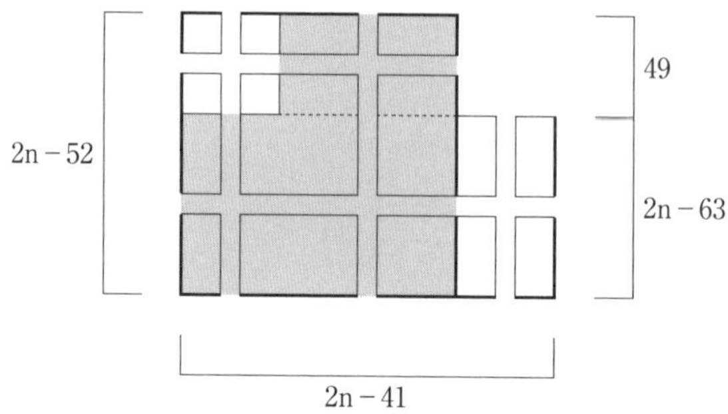

図9-16　(2n－52）±11

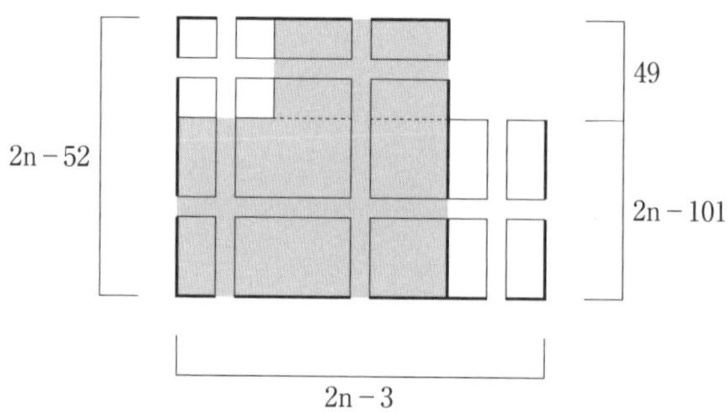

図9-17　(2n－52）±49

■32脚（2^5脚）素数

32脚素数とは、相異なる二組の16脚素数が最接近するケースを指しています。したがって、代表値は（2n－112）で、その脚の内訳は、

（±11，±13，±17，±19）

（±41，±43，±47，±49）

（±71，±73，±77，±79）

及び、（±101，±103，±107，±109）の　32個です。

これらの図解は以下の通り。

一辺が（2n－112）の正方形の左上隅から、一辺が、

（11，13，17，19）

（41，43，47，49）

（71，73，77，79）

及び、（101，103，107，109）

の夫々に小さな正方形を取り除いた山型図形の立ち上がり部分、

【巾　2n－123、高さ　11】、【巾　2n－125、高さ　13】

【巾　2n－129、高さ　17】、【巾　2n－131、高さ　19】

【巾　2n－153、高さ　41】、【巾　2n－155、高さ　43】

【巾　2n－159、高さ　47】、【巾　2n－161、高さ　49】

及び【巾　2n－183、高さ　71】、【巾　2n－185、高さ　73】

【巾　2n－189、高さ　77】、【巾　2n－191、高さ　79】

【巾　2n－213、高さ　101】、【巾　2n－215、高さ　103】

【巾　2n－219、高さ　107】、【巾　2n－221、高さ　109】

を回転移動してできる矩形の、

長辺2n－101と短辺2n－123、長辺2n－99と短辺2n－125、

長辺2n－95と短辺2n－129、長辺2n－93と短辺2n－131、

長辺2n－71と短辺2n－153、長辺2n－69と短辺2n－155、

長辺2n－65と短辺2n－159、長辺2n－63と短辺2n－161、

及び、長辺2n－41と短辺2n－183、長辺2n－39と短辺2n－185、

長辺2n－35と短辺2n－189、長辺2n－33と短辺2n－191、

長辺2n－11と短辺2n－213、長辺2n－9と短辺2n－215、

長辺2n－5　と　短辺2n－219、長辺2n－3と短辺2n－221、

のいずれもが素数であれば、32脚素数です。

全部で16通りの作図となりますので、ここでは代表値（2n－112）に最も近い±11と、最も遠い±109の二通りのみを掲載しています。

□32脚素数（一般形の一部）の図解

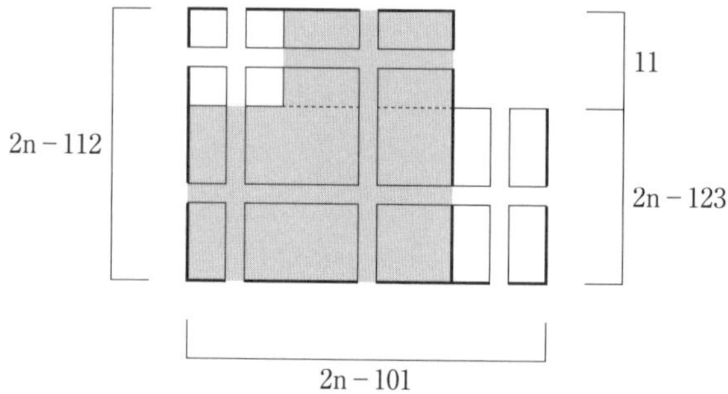

図9-18 （2n－112）±11

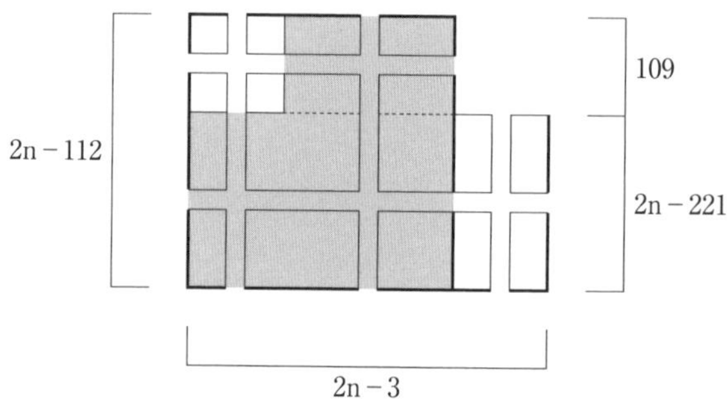

図9-19 （2n－112）±109

■64脚（2^6脚）素数

64脚（2^6脚）素数とは、相異なる二組の32脚素数同士が最接近するケースを指しています。

したがって、64脚素数の代表値は（2n－232）で、その脚の内訳は、

（±11, ±13, ±17, ±19）
（±41, ±43, ±47, ±49）
（±71, ±73, ±77, ±79）
（±101, ±103, ±107, ±109）
及び、（±131, ±103, ±107, ±109）
（±161, ±163, ±167, ±169）
（±191, ±193, ±197, ±199）
（±221, ±223, ±227, ±229）の64個です。

これを図解すると全部で32通りの作図となりますが、ここでは代表値2n－232に最も近い±11と、最も遠い±229の二通りのみを掲載しています。

前者は一辺が（2n－232）の正方形の左上隅から、一辺が11の小さな正方形を取り除いた山型図形の立ち上がり部分、【巾　2n－243、高さ11】を回転移動してできる矩形の、長辺2n－221と短辺2n－243であり、いずれも素数です。

後者は一辺が（2n－232）の正方形の左上隅から、一辺が229のやや小さめの正方形を取り除いた山型図形の立ち上がり部分、【巾　2n－243、高さ　229】を回転移動してできる矩形の、長辺2n－3と短辺2n－461であり、いずれも素数です。

□64脚素数（一般形の一部）の図解

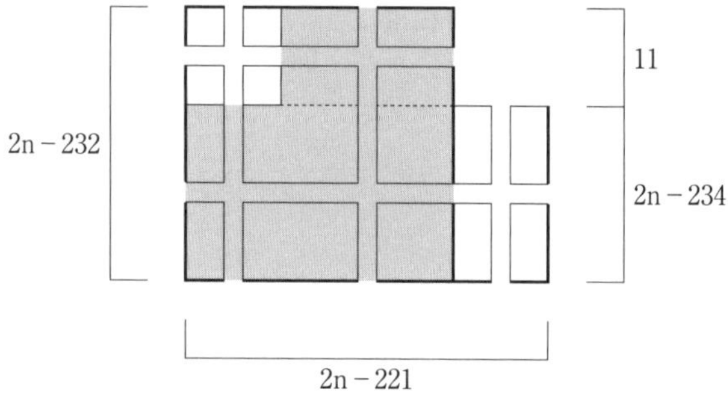

図9-20　(2n－232) ±11

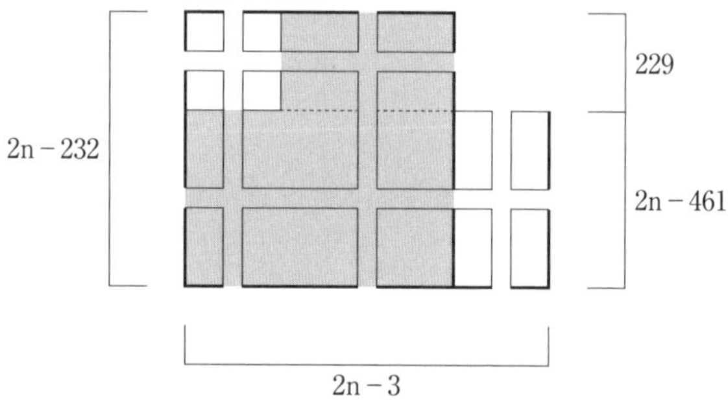

図9-21　(2n－232) ±229

■128脚（2^7脚）素数

128脚素数とは、相異なる二組の64脚素数同士が最接近するケースを指しています。

したがって、128素数の代表値は（2n－472）であり、その脚は、

（±11，±13，±17，±19）（±251，±253，±257，±259）
（±41，±43，±47，±49）（±281，±283，±287，±289）
（±71，±73，±77，±79）（±311，±313，±317，±319）
（±101，±103，±107，±109）（±341，±343，±347，±349）
（±131，±133，±137，±139）（±371，±373，±377，±379）
（±161，±163，±167，±169）（±401，±403，±407，±409）
（±191，±193，±197，±199）（±431，±433，±437，±439）
（±221，±223，±227，±229）（±461，±463，±467，±469）

の128個です。

これを図解すると全部で64通りの作図となりますので、ここでは代表値2n－232に最も近い±11と、最も遠い±469の二通りのみを掲載しています。

前者は一辺が（2n－472）の正方形の左上隅から、一辺が11の小さな正方形を取り除いた山型図形の立ち上がり部分、【巾　2n－483、高さ　11】を回転移動してできる矩形の、長辺2n－461と短辺2n－483であり、いずれも素数です。

後者は一辺が（2n－472）の正方形の左上隅から、一辺が469のやや小さめの正方形を取り除いた山型図形の立ち上がり部分、【巾　2n－941、高さ　469】を回転移動してできる矩形の、長辺2n－3と短辺2n－941であり、いずれも素数です。

□128脚素数（一般形の一部）の図解

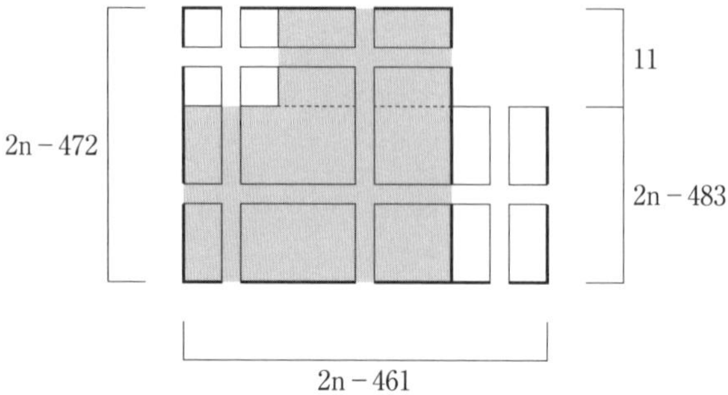

図9-22　(2n－472)　±11

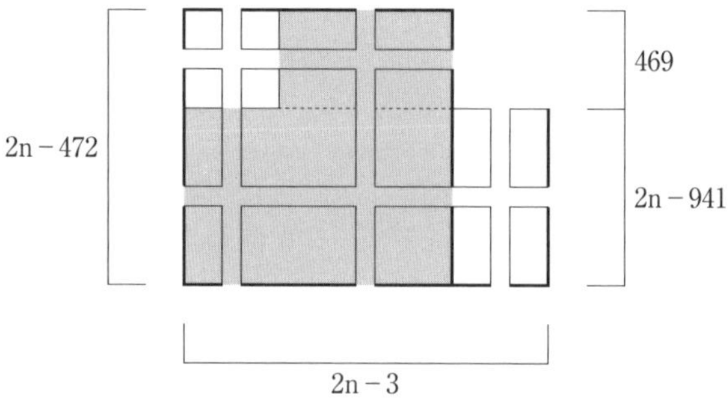

図9-23　(2n－472)　±469

■256脚（2^8）脚）素数

256脚（2^8脚）素数とは、相異なる二組の128脚素数同士が最接近するケースを指しています。

したがって、256脚素数の代表値は（2n－952）であり、その脚は、

（±11, ±13, ±17, ±19）

≀

（±461, ±463, ±467, ±469）

（±491, ±493, ±497, ±499）

≀

（±941, ±943, ±947, ±949）の258個です。

これを図解すると全部で128通りの作図となりますので、ここでは代表値2n－952に最も近い±11と、最も遠い±949の場合の二通りのみを掲載しています。

前者は一辺が（2n－952）の正方形の左上隅から、一辺が11の小さな正方形を取り除いた山型図形の立ち上がり部分、【巾　2n－963、高さ　11】を回転移動してできる矩形の、長辺2n－941と短辺2n－963であり、いずれも素数です。

後者は一辺が（2n－952）の正方形の左上隅から、一辺が949のやや小さめの正方形を取り除いた山型図形の立ち上がり部分、【巾　2n－1'901、高さ　949】を回転移動してできる矩形の、長辺2n－3と短辺2n－1'901であり、いずれも素数です。

□256脚素数（一般形の一部）の図解

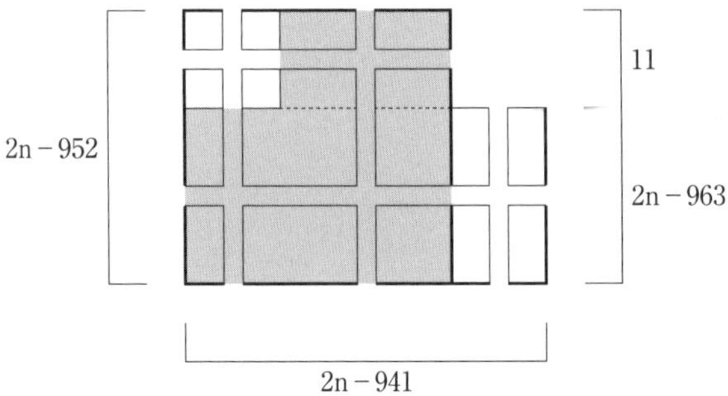

図9-24　(2n − 952) ±11

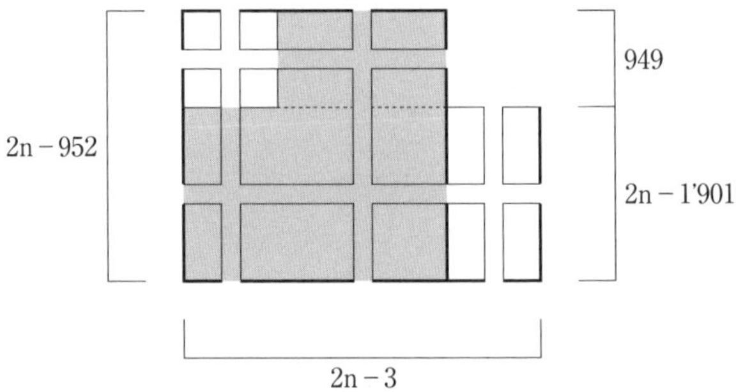

図9-25　(2n − 952) ±949

■512脚（2^9）脚）素数

512脚（2^9脚）素数とは、相異なる二組の256脚素数同士が最接近するケースを指しています。

したがって、512脚素数の代表値は（2n－1'912）であり、その脚は、

（±11，±13，±17，±19）

〜

（±941，±943，±947，±949）

（±971，±973，±977，±979）

〜

（±1'901，±1'903，±1'907，±1'909）の512個です。

これを図解すると全部で256通りの作図となりますので、ここでは代表値2n－1'912に最も近い±11と、最も遠い±1'909の場合の二通りのみを掲載しています。

前者は一辺が（2n－1'912）の正方形の左上隅から、一辺が11の小さな正方形を取り除いた山型図形の立ち上がり部分、【巾　2n－1'923、高さ11】を回転移動してできる矩形の、長辺2n－1'901と短辺2n－1'923であり、いずれも素数です。

後者は一辺が（2n－1'912）の正方形の左上隅から、一辺が1'909のやや小さめの正方形を取り除いた山型図形の立ち上がり部分、【巾　2n－3'821、高さ1'909】を回転移動してできる矩形の、長辺2n－3と短辺2n－3'821であり、いずれも素数です。

□512脚素数（一般形の一部）の図解

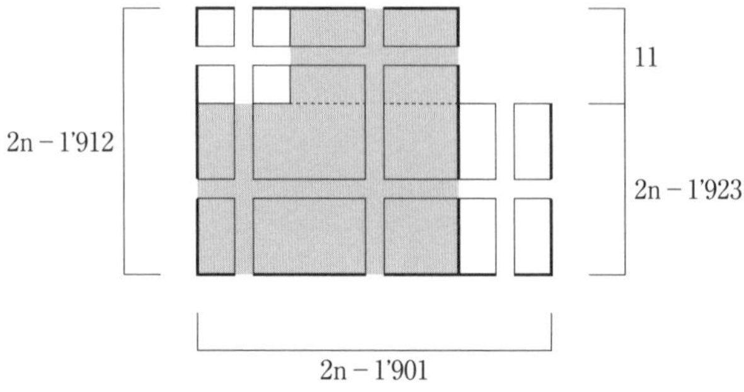

図9-26　(2n－1'912) ±11

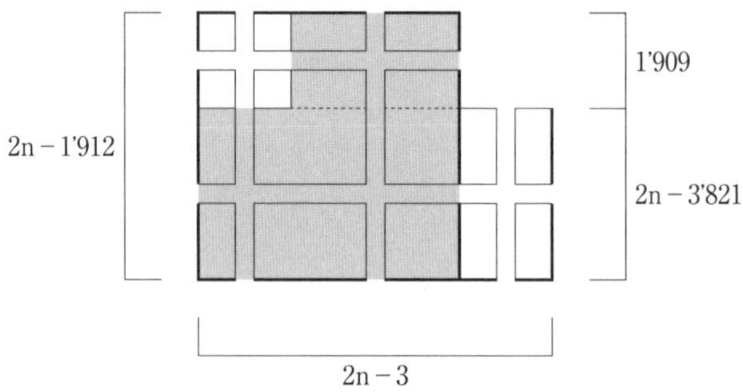

図9-27　(2n－1'912) ±1'909

■1'024脚（2^{10}脚）素数

1'024（2^{10}脚）素数とは、相異なる二組の512脚素数同士が最接近するケースを指しています。

したがって、1'024脚素数の代表値は（2n－3'832）であり、その脚は、

（±11，±13，±17，±19）

≀

（±1'901，±1'903，±1'907，±1'909）

（±1'931，±1'933，±1'937，±1'939）

≀

（±3'821，±3'823，±3'827，±3'829）の1'024個です。

これを図解すると全部で512通りの作図となりますので、ここでは代表値2n－3'832に最も近い±11と、最も遠い±3'829の場合の二通りのみを掲載しています。

前者は一辺が（2n－3'832）の正方形の左上隅から、一辺が11の小さな正方形を取り除いた山型図形の立ち上がり部分、【巾　2n－3'843、高さ11】を回転移動してできる矩形の、長辺2n－3'821と短辺2n－3'843であり、いずれも素数です。

後者は一辺が（2n－3'832）の正方形の左上隅から、一辺が3'829のやや小さめの正方形を取り除いた山型図形の立ち上がり部分、【巾　2n－3'821、高さ1'909】を回転移動してできる矩形の、長辺2n－3と短辺2n－7'661であり、いずれも素数です。

□1'024脚素数（一般形の一部）の図解

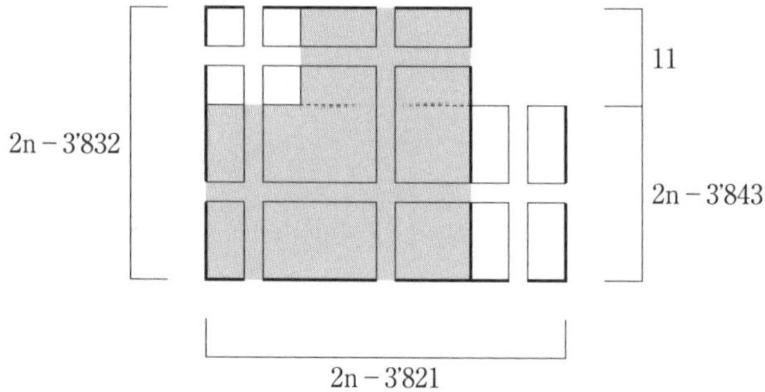

図9-28 （2n－3'832）±11

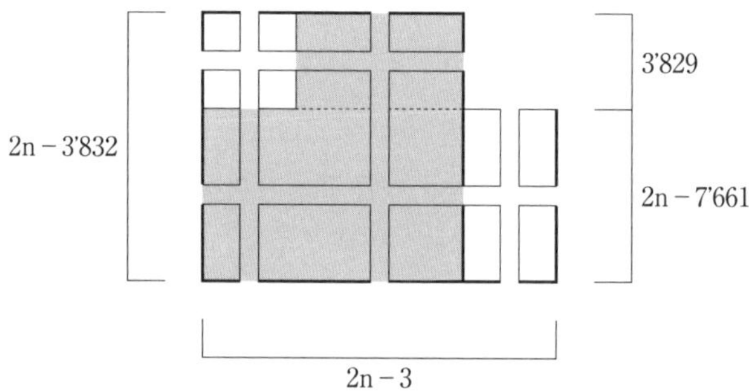

図9-29 （2n－3'832）±3'829

■2'048脚（2^{11}脚）素数

2'048（2^{11}脚）素数とは、相異なる二組の1'024脚素数同士が最接近するケースを指しています。

したがって、2'048脚素数の代表値は（2n－7'672）であり、その脚は、

（±11，±13，±17，±19）

〜

（±3'821，±3'823，±3'827，±3'929）
（±3'851，±3'853，±3'857，±3'959）

〜

（±7'661，±7'663，±7'667，±7'669）の2'048個です。

これを図解すると全部で1'048通りの作図となりますので、ここでは代表値2n－7'672に最も近い±11と、最も遠い±7'679の場合の二通りのみを掲載しています。

前者は一辺が（2n－7'672）の正方形の左上隅から、一辺が11の小さな正方形を取り除いた山型図形の立ち上がり部分、【巾　2n－7'683、高さ11】を回転移動してできる矩形の、長辺2n－7'661と短辺2n－7'683であり、いずれも素数です。

後者は一辺が（2n－7'672）の正方形の左上隅から、一辺が7'669のやや小さめの正方形を取り除いた山型図形の立ち上がり部分、【巾　2n－15'361、高さ7'669】を回転移動してできる矩形の、長辺2n－3と短辺2n－15'341であり、いずれも素数です。

□2’048脚素数（一般形の一部）の図解

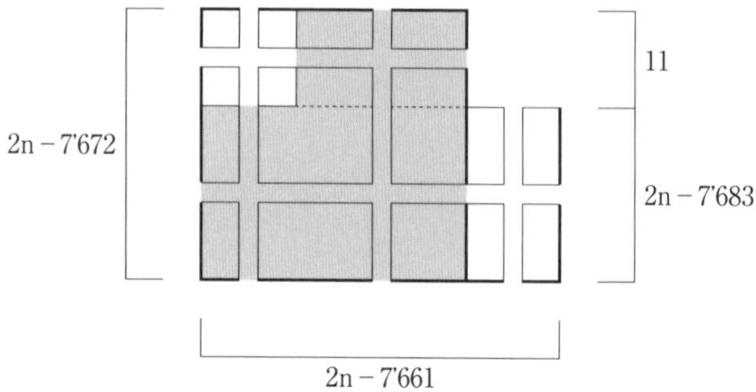

図9-30　(2n－7’672) ±11

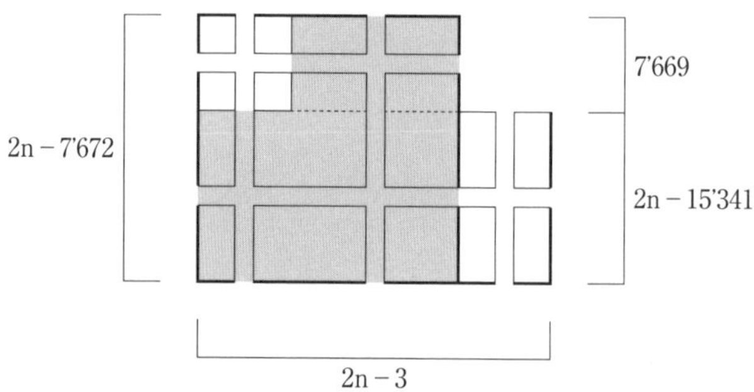

図9-31　(2n－7’672) ±7’669

■4'096脚（2^{12}脚）素数

4'096脚素数とは、相異なる二組の2'048脚素数同士が最接近するケースを指しています。

したがって、4'096脚素数の代表値は（2n－15'352）であり、その脚は、

（±11，±13，±17，±19）

≀

（±7'691，±7'693，±7'697，±7'699）
（±7'721，±7'723，±7'777，±7'779）

≀

（±15'341，±15'343，±15'347，±15'349）の4'096個です。

これを図解すると全部で2'048通りの作図となりますので、ここでは代表値2n－15'352に最も近い±11と、最も遠い±15'349の場合の二通りのみを掲載しています。

前者は一辺が（2n－15'352）の正方形の左上隅から、一辺が11の小さな正方形を取り除いた山型図形の立ち上がり部分、【巾　2n－15'363、高さ　11】を回転移動してできる矩形の、長辺2n－15'341と短辺2n－15'363であり、いずれも素数です。

後者は一辺が（2n－15'352）の正方形の左上隅から、一辺が15'349のやや小さめの正方形を取り除いた山型図形の立ち上がり部分、【巾　2n－15'361、高さ7'669】を回転移動してできる矩形の、長辺2n－3と短辺2n－30'701であり、いずれも素数です。

□4’096脚素数（一般形の一部）の図解

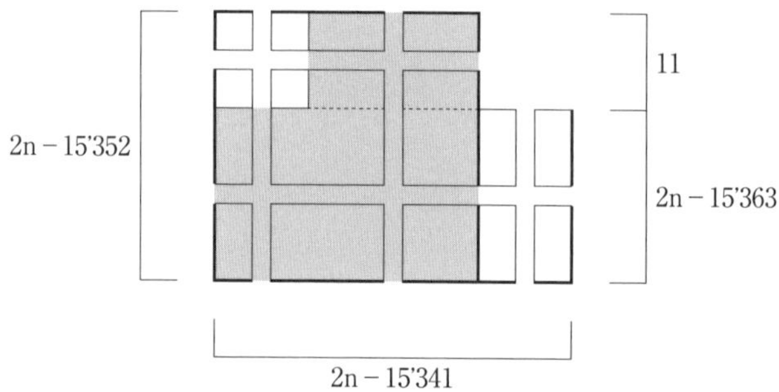

図9-32　(2n－15’352) ±11

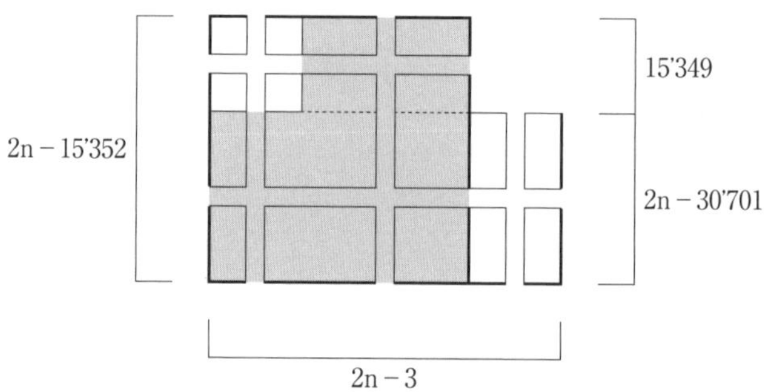

図9-33　(2n－15’352) ±15’349

■8'192脚（2^{13}脚）素数

8'192脚素数とは、相異なる二組の4'096脚素数同士が最接近するケースを指しています。

したがって、8'192脚素数の代表値は（2n－30'712）であり、その脚は、

（±11, ±13, ±17, ±19）

≀

（±15'341, ±15'343, ±15'347, ±15'349）

（±15'371, ±15'373, ±15'377, ±15'379）

≀

（±30'701, ±30'703, ±30'707, ±30'709）の8'192個です。

これを図解すると全部で4'096通りの作図となりますので、ここでは代表値2n－30'712に最も近い±11と、最も遠い±30'729の場合の二通りのみを掲載しています。

前者は一辺が（2n－30'712）の正方形の左上隅から、一辺が11の小さな正方形を取り除いた山型図形の立ち上がり部分、【巾　2n－30'709、高さ　11】を回転移動してできる矩形の、長辺2n－30'701と短辺2n－30'723であり、いずれも素数です。

後者は一辺が（2n－30'712）の正方形の左上隅から、一辺が30'709のやや小さめの正方形を取り除いた山型図形の立ち上がり部分、【巾　2n－61'421、高さ30'709】を回転移動してできる矩形の、長辺2n－3と短辺2n－61'421であり、いずれも素数です。

□8'192脚素数（一般形の一部）の図解

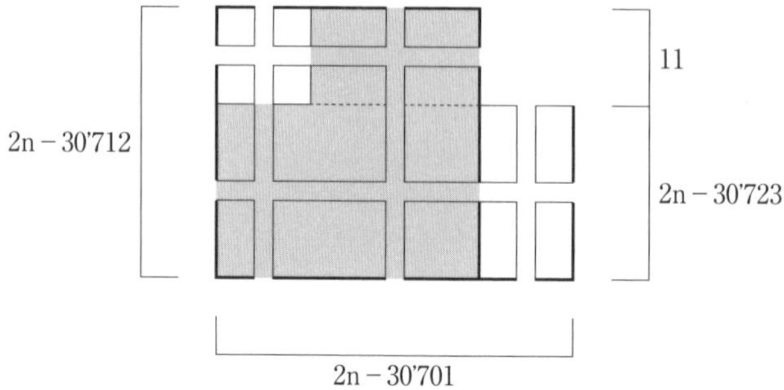

図9-34 （2n－30'712）±11

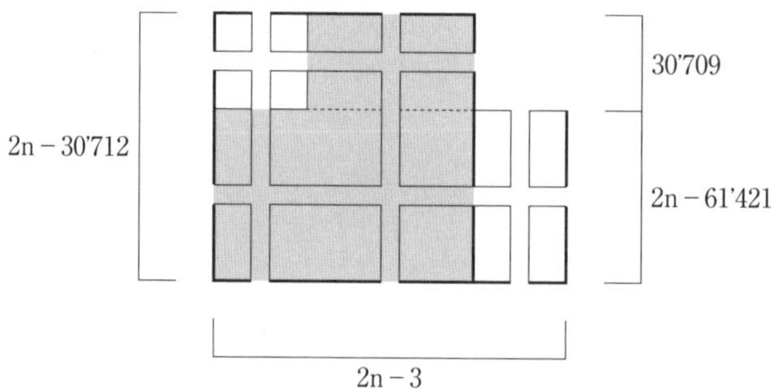

図9-35 （2n－30'712）±30'709

■16'384脚（2^{14}脚）素数

16'384脚素数とは、相異なる二組の8'192脚素数同士が最接近するケースを指しています。

したがって、16'384脚素数の代表値は（2n－61'432）であり、その脚は、

（±11，±13，±17，±19）

≀

（±30'701，±30'703，±30'707，±30'709）

（±30'731，±30'733，±30'737，±30'739）

≀

（±61'421，±61'423，±61'427，±61'429）の16'384個です。

これを図解すると全部で8'192通りの作図となりますので、ここでは代表値2n－61'432に最も近い±11と、最も遠い±61'429の場合の二通りのみを掲載しています。

前者は一辺が（2n－61'432）の正方形の左上隅から、一辺が11の小さな正方形を取り除いた山型図形の立ち上がり部分、【巾　2n－61'443、高さ　11】を回転移動してできる矩形の、長辺2n－681'421と短辺2n－61'443であり、いずれも素数です。

後者は一辺が（2n－61'432）の正方形の左上隅から、一辺が61'429のやや小さめの正方形を取り除いた山型図形の立ち上がり部分、【巾　2n－61'421、高さ　61'429】を回転移動してできる矩形の、長辺2n－3と短辺2n－122'861であり、いずれも素数です。

□16'384脚素数（一般形の一部）の図解

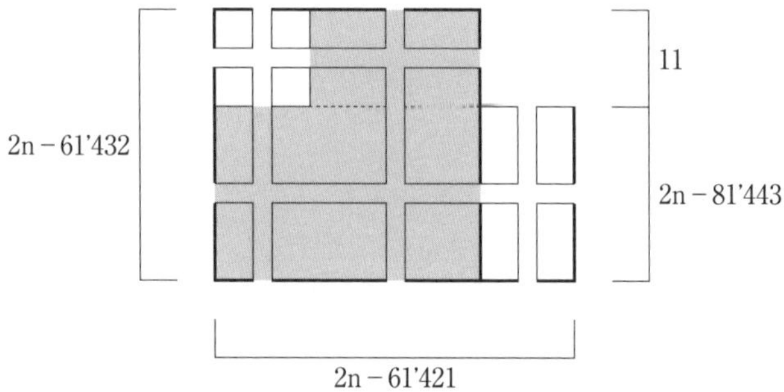

図9-36　(2n－61'432) ±11

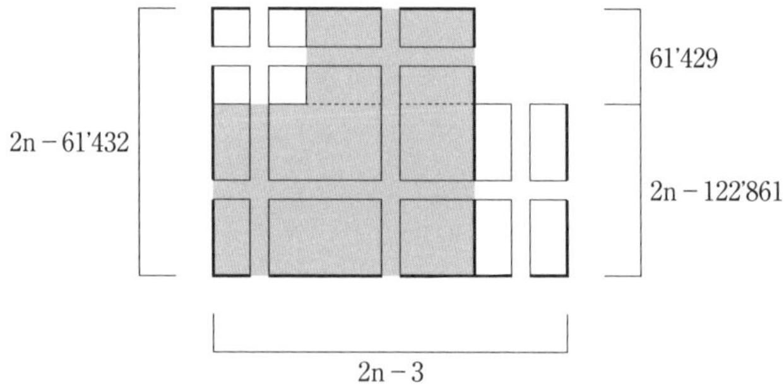

図9-37　(2n－61'432) ±61'429

■32’768脚（2^{15}脚）素数

32’768脚（2^{15}脚）素数とは、相異なる二組の16’384脚素数同士が最接近するケースを指しています。

したがって、32’768脚素数の代表値は（2n－122’872）であり、その脚は、

（±11，±13，±17，±19）

〜

（±61’421，±61’423，±61’427，±61’429）

（±61’451，±61’453，±61’457，±61’459）

〜

（±122’861，±122’863，±122’867，±122’869）の32’768個です。

これを図解すると全部で16’384通りの作図となりますので、ここでは代表値2n－122’872に最も近い±11と、最も遠い±122’869の場合の二通りのみを掲載しています。

前者は一辺が（2n－122’872）の正方形の左上隅から、一辺が11の小さな正方形を取り除いた山型図形の立ち上がり部分、【巾　2n－122’883、高さ　11】を回転移動してできる矩形の、長辺2n－122’861と短辺2n－122’883であり、いずれも素数です。

後者は一辺（2n－122’872）の正方形の左上隅から、一辺122’869のやや小さめの正方形を取り除いた山型図形の立ち上がり部分、【巾　2n－245’741、高さ122’869】を回転移動してできる矩形の、長辺2n－3と短辺2n－245’741であり、いずれも素数です。

□32'768脚素数（一般形の一部）の図解

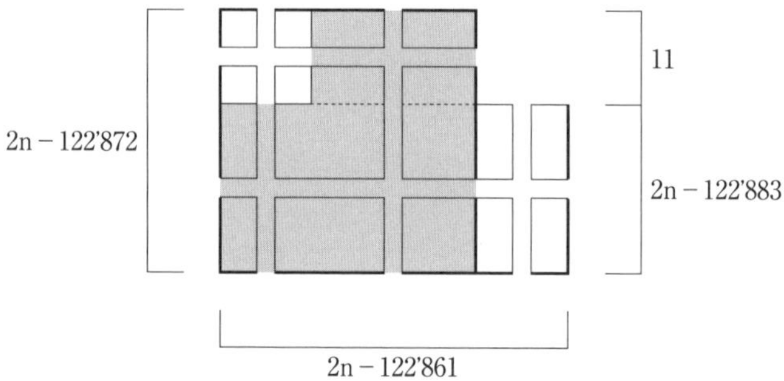

図9-38　(2n－122'872）±11

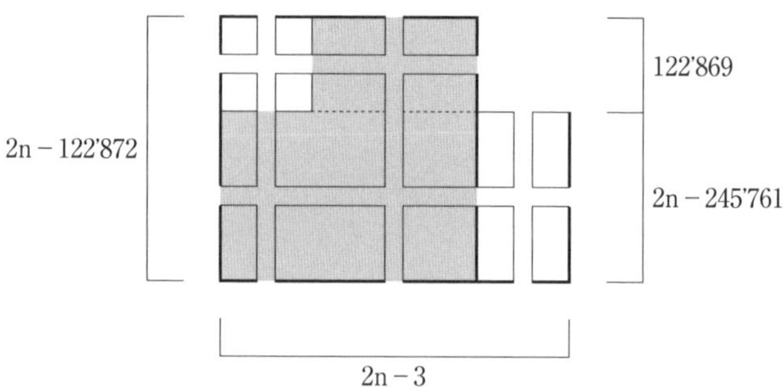

図9-39　(2n－122'872）±122'869

■65’536脚（2^{16}脚）素数

65’536脚素数とは、相異なる二組の32’768脚素数同士が最接近するケースを指しています。

したがって、65’536脚素数の代表値は（2n－245’752）であり、その脚は、

（±11，±13，±17，±19）

≀

（±122’861，±122’863，±122’867，±122’869）
（±122’891，±122’893，±122’897，±122’899）

≀

（±245’741，±245’743，±245’747，±245’749）の65’536個です。

これを図解すると全部で32’768通りの作図となりますので、ここでは代表値2n－245’752に最も近い±11と、最も遠い±245’749の場合の二通りのみを掲載しています。

前者は一辺が（2n－245’752の正方形の左上隅から、一辺が11の小さな正方形を取り除いた山型図形の立ち上がり部分、【巾　2n－245’763、高さ11】を回転移動してできる矩形の、長辺2n－245’741と短辺2n－245’763であり、いずれも素数です。

後者は一辺（2n－245’752）の正方形の左上隅から、一辺245’749のやや小さめの正方形を取り除いた山型図形の立ち上がり部分、【巾　2n－491’501、高さ245’749】を回転移動してできる矩形の、長辺2n－3と短辺2n－491’501であり、いずれも素数です。

□65'536脚素数（一般形の一部）の図解

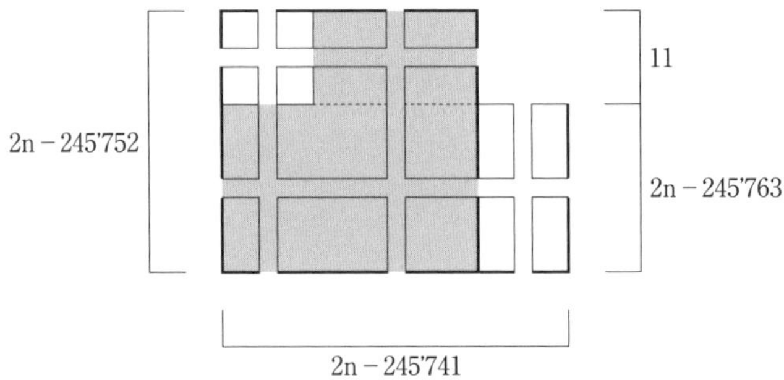

図9-40　(2n－245'752)±11

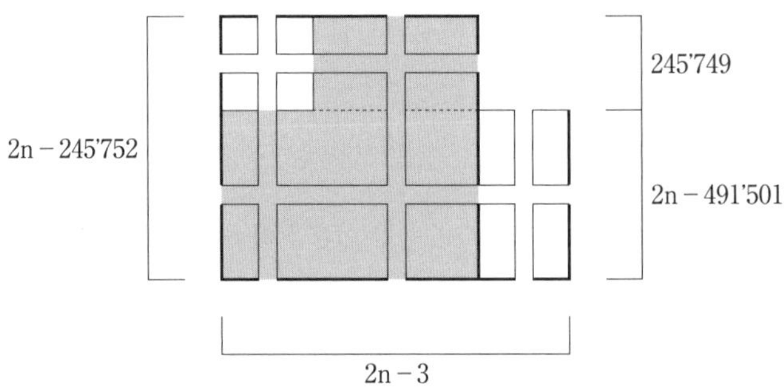

図9-41　(2n－245'752)±245'749

■65'536脚素数以降の簡略表示

65'536＝A　と置けば巨大素数の簡略表示も可能となります。

その場合は、Aを「エース」と呼ぶことにします。

したがって、65'536脚素数の簡略表示は「A脚素数」です。また、代表値や脚に関しても、A（エース）の使用が可能です。

そこで、65'536脚素数をA脚素数と書き換えた時に「代表値や脚」がどの様になるかについて、以下に確かめておきます。

A脚素数の代表値は[2n－(30A/8－8)]で、その脚の内訳は次のようです。

{±11,　±13,　±17,　±19}

〜

{±(30A/16－19). ±(30A/16－17). ±(30A/16－13). ±(30A/16－11).}

{±(30A/16－49). ±(30A/16－47). ±(30A/16－43). ±(30A/16－41).}

〜

{±(30A/8－19). ±(30A/8－17). ±(30A/8－13). ±(30A/8－11).}

のA個です。

これらを図解すると全部でA/2通りの作図となりますので、他と同様に、代表値[2n－(30A/8－8)]に最も近い±11の場合と最も遠い±(30A/8－11)の二通りのみを掲げました。

前者は、一辺が[2n－(30A/8－8)]の正方形の左上隅から、一辺が11の小さな正方形を取り除いたあとの山型図形の立ち上がり部分【巾；2n－(30A/8－19)、高さ；11】を回転移動してできる矩形の、長辺2n－(30A/8－3)と短辺2n－(30A/8－19)であり、いずれも素数です。

後者は、一辺が[2n－(30A/8－8)]の正方形の左上隅から、一辺が30A/8－11のやや小さめの正方形を取り除いたあとの山型図形の立ち上がり部分【巾；2n－(30A/8－19)、高さ；11】を回転移動してできる矩形の、長辺(2n－3)と短辺2n－(30A/4－19)であり、いずれも素数です。

□A脚（2^{16}脚）素数の図解

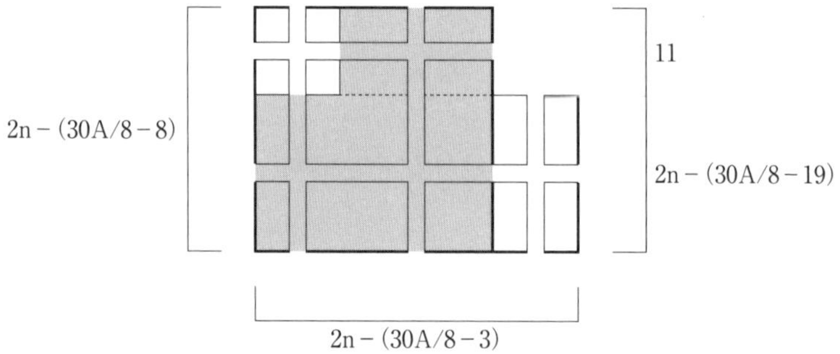

図9-42　[2n－(30A/8－8)]　±11

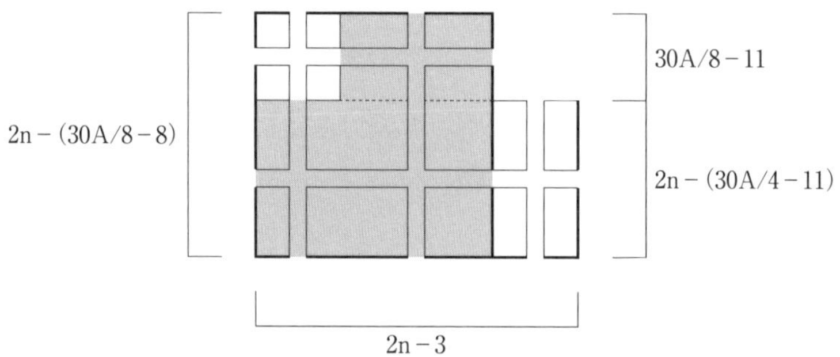

図9-43　[2n－(30A/8－8)]±(30A/8－11)

続・玉手箱その10

多脚素数お宝表

■多脚素数に共通する重要な性質

二組の4脚素数が互いに最接近したのが8脚素数で、二組の8脚素数が最接近したのが16脚素数、二組の16脚素数が最接近したのが32脚素数と、こうした多脚素数の基本的な関係はどこまでも果てしなく続きます。

ここで最も重要なことは、4脚素数の場合と同様に、どんなに巨大な多脚素数であっても夫々に、№1、№2、………、№n、と限りなく続く“多くの仲間”が存在しているということです。

また、多脚素数は更に重要な性質を持っています。それは代表値に対する最最短脚がどんなに巨大な多脚素数においても±11であり、「最短脚グループとして（±11、±13、±17、±19）を持つ」ということです。

■多脚素数お宝表

前章（その9）では65,536脚素数、つまり、A脚（2^{16}脚素数）までを図解しました。

ここでは、この先どこまでも限りなく増殖し続ける多脚素数の事例を追求します。

お宝表では表10-1～表10-31として、A脚（2^{16}脚素数）～A^{32}脚（2^{512}脚）素数を一覧表示しています。

図は各表の最大多脚素数の最最長脚の場合のみについて掲載しました。8脚以上の多脚素数において、最最短脚の方は常に±11で共通しています。

上記のお宝表で求めた最大の多脚素数A^{32}は、Aの2^5乗です。このテンポでは、A^A脚素数に辿り着くまでには大変な手間と紙面を要します。

ここではとりあえず表10-31の後に、表10-32（別表1）と表10-33（別表2）の2表を追加するにとどめました。

表中、高次の累乗指数は以下のルールにより、一行の中に納まるような工夫が必要とされます。

A=2^{16}=65,536です。Aはエースと呼ぶことにします。

A^Aは，A<A>

AのA^A乗は、A<A^A>、もしくは、A<A<A>>

A^AのA^A乗は、A<A<A^A>>、もしくは、A<A<A<A>>>

と一行で表記します。

□表10-1　A脚素数～A^2脚素数

多脚素数	代表値	最最長脚
$2^{16}=A$	$2\grave{n}-(30A/2^3-8)$	$\pm(30A/2^3-11)$
$2^{17}=2A$	$2\grave{n}-(30A/2^2-8)$	$\pm(30A/2^2-11)$
$2^{18}=2^2A$	$2\grave{n}-(30A/2-8)$	$\pm(30A/2-11)$
$2^{19}=2^3A$	$2\grave{n}-(30A-8)$	$\pm(30A-11)$
$2^{20}=2^4A$	$2\grave{n}-(2*30A-8)$	$\pm(2*30A-11)$
$2^{21}=2^5A$	$2\grave{n}-(2^2*30A-8)$	$\pm(2^2*30A-11)$
$2^{22}=2^6A$	$2\grave{n}-(2^3*30A-8)$	$\pm(2^3*30A-11)$
$2^{23}=2^7A$	$2\grave{n}-(2^4*30A-8)$	$\pm(2^4*30A-11)$
$2^{24}=2^8A$	$2\grave{n}-(2^5*30A-8)$	$\pm(2^5*30A-11)$
$2^{25}=2^9A$	$2\grave{n}-(2^6*30A-8)$	$\pm(2^6*30A-11)$
$2^{26}=2^{10}A$	$2\grave{n}-(2^7*30A-8)$	$\pm(2^7*30A-11)$
$2^{27}=2^{11}A$	$2\grave{n}-(2^8*30A-8)$	$\pm(2^8*30A-11)$
$2^{28}=2^{12}A$	$2\grave{n}-(2^9*30A-8)$	$\pm(2^9*30A-11)$
$2^{29}=2^{13}A$	$2\grave{n}-(2^{10}*30A-8)$	$\pm(2^{10}*30A-11)$
$2^{30}=2^{14}A$	$2\grave{n}-(2^{11}*30A-8)$	$\pm(2^{11}*30A-11)$
$2^{31}=2^{15}A$	$2\grave{n}-(2^{12}*30A-8)$	$\pm(2^{12}*30A-11)$
$2^{32}=2^{16}A=A^2$	$2\grave{n}-(30A^2/8-8)$	$\pm(30A^2/8-11)$

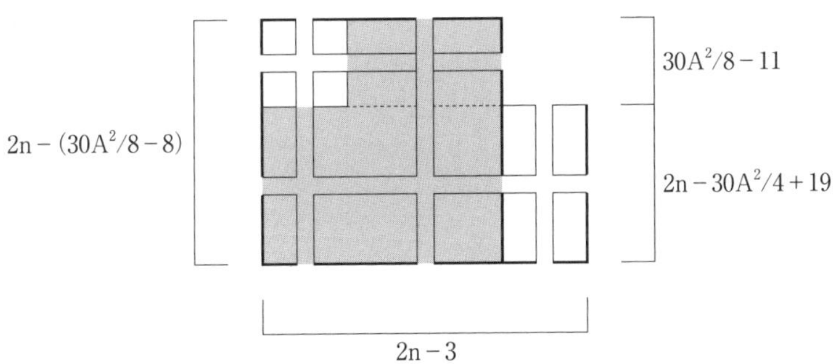

図10-1　A^2脚素数の一般解
代表値；$2\grave{n}-(30A^2/8-8)$　最最長脚；$\pm(30A^2/8-11)$

□表10-2　A^2脚素数～A^3脚素数

多脚素数	代表値	最最長脚
$2^{32}=A^2$	$2\grave{n}-(30A^2/2^3-8)$	$\pm(30A^2/2^3-11)$
$2^{33}=2A^2$	$2\grave{n}-(30A^2/2^2-8)$	$\pm(30A^2/2^2-11)$
$2^{34}=2^2A^2$	$2\grave{n}-(30A^2/2-8)$	$\pm(30A^2/2-11)$
$2^{35}=2^3A^2$	$2\grave{n}-(30A^2-8)$	$\pm(30A^2-11)$
$2^{36}=2^4A^2$	$2\grave{n}-(2*30A^2-8)$	$\pm(2*30A^2-11)$
$2^{37}=2^5A^2$	$2\grave{n}-(2^2*30A^2-8)$	$\pm(2^2*30A^2-11)$
$2^{38}=2^6A^2$	$2\grave{n}-(2^3*30A^2-8)$	$\pm(2^3*30A^2-11)$
$2^{39}=2^7A^2$	$2\grave{n}-(2^4*30A^2-8)$	$\pm(2^4*30A^2-11)$
$2^{40}=2^8A^2$	$2\grave{n}-(2^5*30A^2-8)$	$\pm(2^5*30A^2-11)$
$2^{41}=2^9A^2$	$2\grave{n}-(2^6*30A^2-8)$	$\pm(2^6*30A^2-11)$
$2^{42}=2^{10}A^2$	$2\grave{n}-(2^7*30A^2-8)$	$\pm(2^7*30A^2-11)$
$2^{43}=2^{11}A^2$	$2\grave{n}-(2^8*30A^2-8)$	$\pm(2^8*30A^2-11)$
$2^{44}=2^{12}A^2$	$2\grave{n}-(2^9*30A^2-8)$	$\pm(2^9*30A^2-11)$
$2^{45}=2^{13}A^2$	$2\grave{n}-(2^{10}*30A^2-8)$	$\pm(2^{10}*30A^2-11)$
$2^{46}=2^{14}A^2$	$2\grave{n}-(2^{11}*30A^2-8)$	$\pm(2^{11}*30A^2-11)$
$2^{47}=2^{15}A^2$	$2\grave{n}-(2^{12}*30A^2-8)$	$\pm(2^{12}*30A^2-11)$
$2^{48}=A^3$	$2\grave{n}-(30A^3/8-8)$	$\pm(30A^3/8-11)$

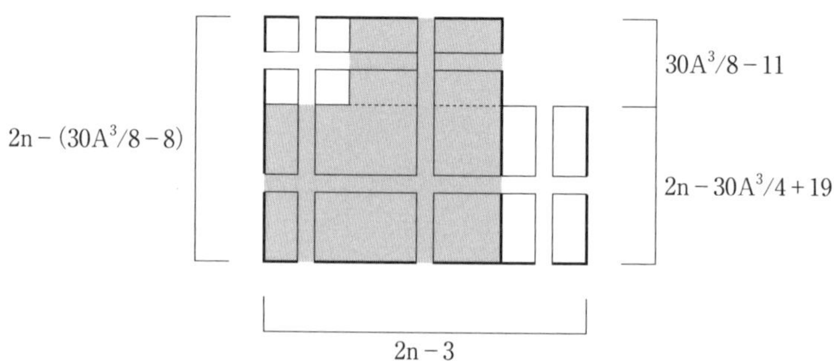

図10-2　A^3脚素数の一般解
代表値；$2\grave{n}-(30A^3/8-8)$　最最長脚；$\pm(30A^3/8-11)$

□表10-3　A^3脚素数～A^4脚素数

多脚素数	代表値	最最長脚
$2^{48}=A^3$	$2\grave{n}-(30A^3/2^3-8)$	$\pm(30A^3/2^3-11)$
$2^{49}=2A^3$	$2\grave{n}-(30A^3/2^2-8)$	$\pm(30A^3/2^2-11)$
$2^{50}=2^2A^3$	$2\grave{n}-(30A^3/2-8)$	$\pm(30A^3/2-11)$
$2^{51}=2^3A^3$	$2\grave{n}-(30A^3-8)$	$\pm(30A^3-11)$
$2^{52}=2^4A^3$	$2\grave{n}-(2*30A^3-8)$	$\pm(2*30A^3-11)$
$2^{53}=2^5A^3$	$2\grave{n}-(2^2*30A^3-8)$	$\pm(2^2*30A^3-11)$
$2^{54}=2^6A^3$	$2\grave{n}-(2^3*30A^3-8)$	$\pm(2^3*30A^3-11)$
$2^{55}=2^7A^3$	$2\grave{n}-(2^4*30A^3-8)$	$\pm(2^4*30A^3-11)$
$2^{56}=2^8A^3$	$2\grave{n}-(2^5*30A^3-8)$	$\pm(2^5*30A^3-11)$
$2^{57}=2^9A^3$	$2\grave{n}-(2^6*30A^3-8)$	$\pm(2^6*30A^3-11)$
$2^{58}=2^{10}A^{23}$	$2\grave{n}-(2^7*30A^3-8)$	$\pm(2^7*30A^3-11)$
$2^{59}=2^{11}A^3$	$2\grave{n}-(2^8*30A^3-8)$	$\pm(2^8*30A^3-11)$
$2^{60}=2^{12}A^3$	$2\grave{n}-(2^9*30A^3-8)$	$\pm(2^9*30A^3-11)$
$2^{61}=2^{13}A^3$	$2\grave{n}-(2^{10}*30A^3-8)$	$\pm(2^{10}*30A^3-11)$
$2^{62}=2^{14}A^3$	$2\grave{n}-(2^{11}*30A^3-8)$	$\pm(2^{11}*30A^3-11)$
$2^{63}=2^{15}A^3$	$2\grave{n}-(2^{12}*30A^3-8)$	$\pm(2^{12}*30A^3-11)$
$2^{64}=A^4$	$2\grave{n}-(30A^4/8-8)$	$\pm(30A^4/8-11)$

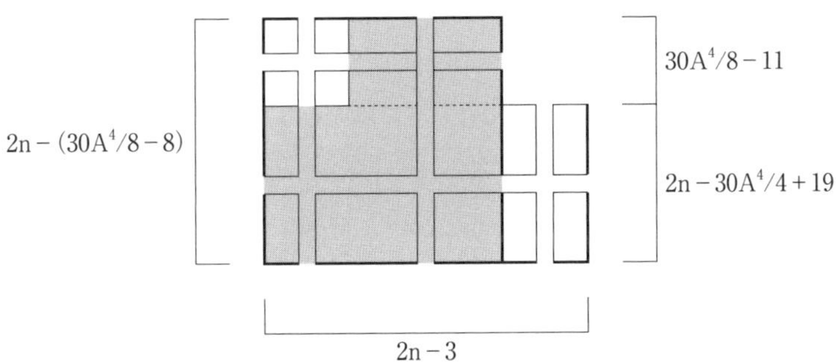

図10-3　A^4脚素数の一般解
代表値；$2\grave{n}-(30A^4/8-8)$　最最長脚；$\pm(30A^4/8-11)$

□表10-4　A^4脚素数～A^5脚素数

多脚素数	代表値	最最長脚
$2^{64}=A^4$	$2\grave{n}-(30A^4/2^3-8)$	$\pm(30A^4/2^3-11)$
$2^{65}=2A^4$	$2\grave{n}-(30A^4/2^2-8)$	$\pm(30A^4/2^2-11)$
$2^{66}=2^2\Lambda^4$	$2\grave{n}-(30A^4/2-8)$	$\pm(30A^4/2-11)$
$2^{67}=2^3A^4$	$2\grave{n}-(30A^4-8)$	$\pm(30A^4-11)$
$2^{68}=2^4A^4$	$2\grave{n}-(2*30A^4-8)$	$\pm(2*30A^4-11)$
$2^{69}=2^5A^4$	$2\grave{n}-(2^2*30A^4-8)$	$\pm(2^2*30A^4-11)$
$2^{70}=2^6A^4$	$2\grave{n}-(2^3*30A^4-8)$	$\pm(2^3*30A^4-11)$
$2^{71}=2^7A^4$	$2\grave{n}-(2^4*30A^4-8)$	$\pm(2^4*30A^4-11)$
$2^{72}=2^8A^4$	$2\grave{n}-(2^5*30A^4-8)$	$\pm(2^5*30A^4-11)$
$2^{73}=2^9A^4$	$2\grave{n}-(2^6*30A^4-8)$	$\pm(2^6*30A^4-11)$
$2^{74}=2^{10}A^4$	$2\grave{n}-(2^7*30A^4-8)$	$\pm(2^7*30A^4-11)$
$2^{75}=2^{11}A^4$	$2\grave{n}-(2^8*30A^4-8)$	$\pm(2^8*30A^4-11)$
$2^{76}=2^{12}A^4$	$2\grave{n}-(2^9*30A^4-8)$	$\pm(2^9*30A^4-11)$
$2^{77}=2^{13}A^4$	$2\grave{n}-(2^{10}*30A^4-8)$	$\pm(2^{10}*30A^4-11)$
$2^{78}=2^{14}A^4$	$2\grave{n}-(2^{11}*30A^4-8)$	$\pm(2^{11}*30A^4-11)$
$2^{79}=2^{15}A^4$	$2\grave{n}-(2^{12}*30A^4-8)$	$\pm(2^{12}*30A^4-11)$
$2^{80}=A^5$	$2\grave{n}-(30A^5/8-8)$	$\pm(30A^5/8-11)$

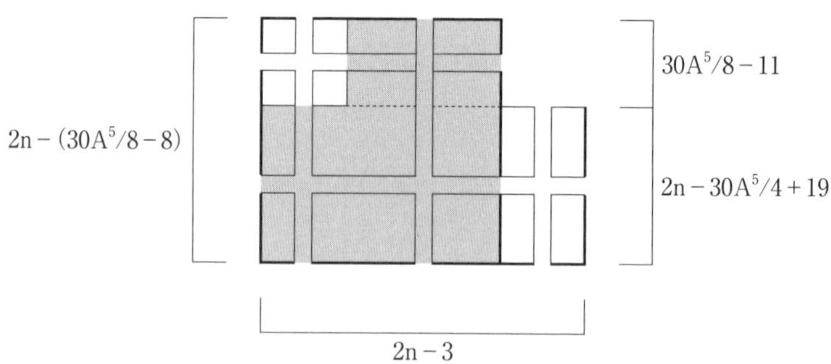

図10-4　A^5脚素数の一般解
代表値；$2\grave{n}-(30A^5/8-8)$　最最長脚；$\pm(30A^5/8-11)$

□表10-5　A^5脚素数～A^6脚素数

多脚素数	代表値	最最長脚
$2^{80}=A^5$	$2\grave{n}-(30A^5/2^3-8)$	$\pm(30A^5/2^3-11)$
$2^{81}=2A^5$	$2\grave{n}-(30A^5/2^2-8)$	$\pm(30A^5/2^2-11)$
$2^{82}=2^2A^5$	$2\grave{n}-(30A^5/2-8)$	$\pm(30A^5/2-11)$
$2^{83}=2^3A^5$	$2\grave{n}-(30A^5-8)$	$\pm(30A^5-11)$
$2^{84}=2^4A^5$	$2\grave{n}-(2*30A^5-8)$	$\pm(2*30A^5-11)$
$2^{85}=2^5A^5$	$2\grave{n}-(2^2*30A^5-8)$	$\pm(2^2*30A^5-11)$
$2^{86}=2^6A^5$	$2\grave{n}-(2^3*30A^5-8)$	$\pm(2^3*30A^5-11)$
$2^{87}=2^7A^5$	$2\grave{n}-(2^4*30A^5-8)$	$\pm(2^4*30A^5-11)$
$2^{88}=2^8A^5$	$2\grave{n}-(2^5*30A^5-8)$	$\pm(2^5*30A^5-11)$
$2^{89}=2^9A^5$	$2\grave{n}-(2^6*30A^5-8)$	$\pm(2^6*30A^5-11)$
$2^{90}=2^{10}A^5$	$2\grave{n}-(2^7*30A^5-8)$	$\pm(2^7*30A^5-11)$
$2^{91}=2^{11}A^5$	$2\grave{n}-(2^8*30A^5-8)$	$\pm(2^8*30A^5-11)$
$2^{92}=2^{12}A^5$	$2\grave{n}-(2^9*30A^5-8)$	$\pm(2^9*30A^5-11)$
$2^{93}=2^{13}A^5$	$2\grave{n}-(2^{10}*30A^5-8)$	$\pm(2^{10}*30A^5-11)$
$2^{94}=2^{14}A^5$	$2\grave{n}-(2^{11}*30A^5-8)$	$\pm(2^{11}*30A^5-11)$
$2^{95}=2^{15}A^5$	$2\grave{n}-(2^{12}*30A^5-8)$	$\pm(2^{12}*30A^5-11)$
$2^{96}=A^6$	$2\grave{n}-(30A^6/8-8)$	$\pm(30A^6/8-11)$

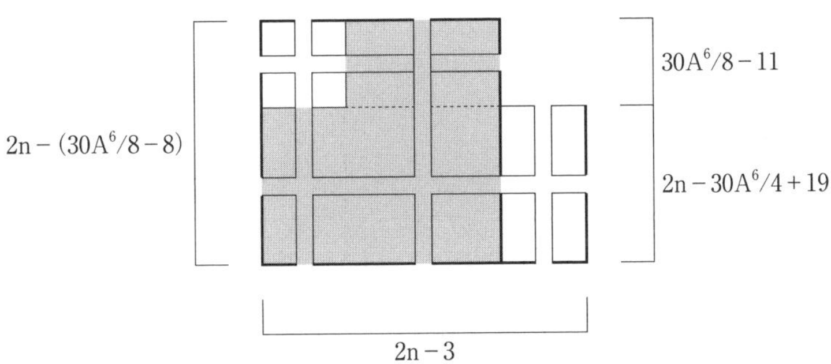

図10-5　A^6脚素数の一般解
代表値；$2\grave{n}-(30A^6/8-8)$　最最長脚；$\pm(30A^6/8-11)$

□表10-6　A^6脚素数～A^7脚素数

多脚素数	代表値	最最長脚
$2^{96}=A^6$	$2\grave{n}-(30A^6/2^3-8)$	$\pm(30A^6/2^3-11)$
$2^{97}=2A^6$	$2\grave{n}-(30A^6/2^2-8)$	$\pm(30A^6/2^2-11)$
$2^{98}=2^2A^6$	$2\grave{n}-(30A^6/2-8)$	$\pm(30A^6/2-11)$
$2^{99}=2^3A^6$	$2\grave{n}-(30A^6-8)$	$\pm(30A^6-11)$
$2^{100}=2^4A^6$	$2\grave{n}-(2*30A^6-8)$	$\pm(2*30A^6-11)$
$2^{101}=2^5A^6$	$2\grave{n}-(2^2*30A^6-8)$	$\pm(2^2*30A^6-11)$
$2^{102}=2^6A^6$	$2\grave{n}-(2^3*30A^6-8)$	$\pm(2^3*30A^6-11)$
$2^{103}=2^7A^6$	$2\grave{n}-(2^4*30A^6-8)$	$\pm(2^4*30A^6-11)$
$2^{104}=2^8A^6$	$2\grave{n}-(2^5*30A^6-8)$	$\pm(2^5*30A^6-11)$
$2^{105}=2^9A^6$	$2\grave{n}-(2^6*30A^6-8)$	$\pm(2^6*30A^6-11)$
$2^{106}=2^{10}A^6$	$2\grave{n}-(2^7*30A^6-8)$	$\pm(2^7*30A^6-11)$
$2^{107}=2^{11}A^6$	$2\grave{n}-(2^8*30A^6-8)$	$\pm(2^8*30A^6-11)$
$2^{108}=2^{12}A^6$	$2\grave{n}-(2^9*30A^6-8)$	$\pm(2^9*30A^6-11)$
$2^{109}=2^{13}A^6$	$2\grave{n}-(2^{10}*30A^6-8)$	$\pm(2^{10}*30A^6-11)$
$2^{110}=2^{14}A^6$	$2\grave{n}-(2^{11}*30A^6-8)$	$\pm(2^{11}*30A^6-11)$
$2^{111}=2^{15}A^6$	$2\grave{n}-(2^{12}*30A^6-8)$	$\pm(2^{12}*30A^6-11)$
$2^{112}=A^7$	$2\grave{n}-(30A^7/8-8)$	$\pm(30A^7/8-11)$

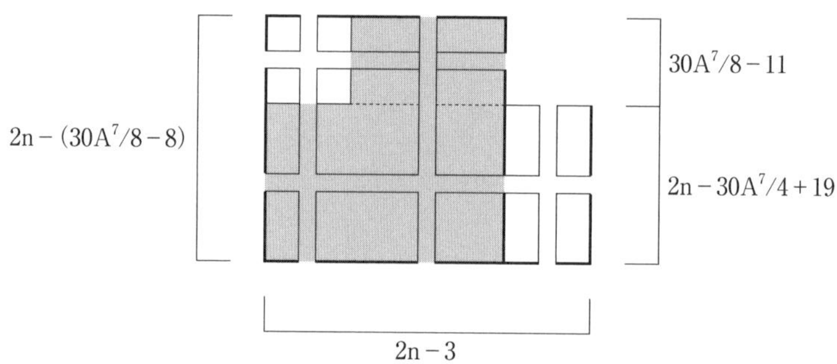

図10-6　A^7脚素数の一般解
代表値；$2\grave{n}-(30A^7/8-8)$　最最長脚；$\pm(30A^7/8-11)$

□表10-7　A^7脚素数～A^8脚素数

多脚素数	代表値	最最長脚
$2^{112}=A^7$	$2\grave{n}-(30A^7/2^3-8)$	$\pm(30A^7/2^3-11)$
$2^{113}=2A^7$	$2\grave{n}-(30A^7/2^2-8)$	$\pm(30A^7/2^2-11)$
$2^{114}=2^2A^7$	$2\grave{n}-(30A^7/2-8)$	$\pm(30A^7/2-11)$
$2^{115}=2^3A^7$	$2\grave{n}-(30A^7-8)$	$\pm(30A^7-11)$
$2^{116}=2^4A^7$	$2\grave{n}-(2*30A^7-8)$	$\pm(2*30A^7-11)$
$2^{117}=2^5A^7$	$2\grave{n}-(2^2*30A^7-8)$	$\pm(2^2*30A^7-11)$
$2^{118}=2^6A^7$	$2\grave{n}-(2^3*30A^7-8)$	$\pm(2^3*30A^7-11)$
$2^{119}=2^7A^7$	$2\grave{n}-(2^4*30A^7-8)$	$\pm(2^4*30A^7-11)$
$2^{120}=2^8A^7$	$2\grave{n}-(2^5*30A^7-8)$	$\pm(2^5*30A^7-11)$
$2^{121}=2^9A^7$	$2\grave{n}-(2^6*30A^7-8)$	$\pm(2^6*30A^7-11)$
$2^{122}=2^{10}A^7$	$2\grave{n}-(2^7*30A^7-8)$	$\pm(2^7*30A^7-11)$
$2^{123}=2^{11}A^7$	$2\grave{n}-(2^8*30A^7-8)$	$\pm(2^8*30A^7-11)$
$2^{124}=2^{12}A^7$	$2\grave{n}-(2^9*30A^7-8)$	$\pm(2^9*30A^7-11)$
$2^{125}=2^{13}A^7$	$2\grave{n}-(2^{10}*30A^7-8)$	$\pm(2^{10}*30A^7-11)$
$2^{126}=2^{14}A^7$	$2\grave{n}-(2^{11}*30A^7-8)$	$\pm(2^{11}*30A^7-11)$
$2^{127}=2^{15}A^7$	$2\grave{n}-(2^{12}*30A^7-8)$	$\pm(2^{12}*30A^7-11)$
$2^{128}=A^8$	$2\grave{n}-(30A^8/8-8)$	$\pm(30A^8/8-11)$

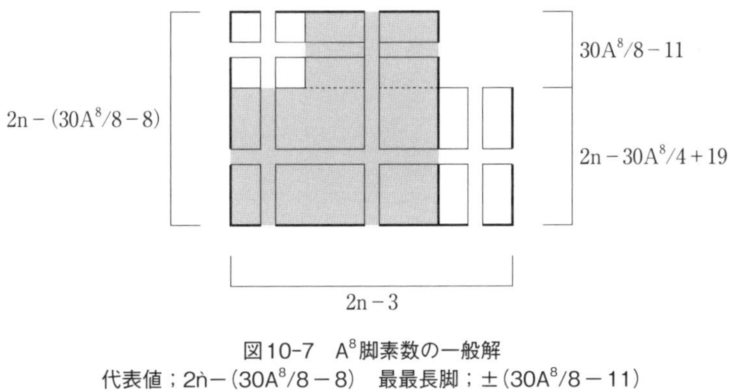

図10-7　A^8脚素数の一般解
代表値；$2\grave{n}-(30A^8/8-8)$　最最長脚；$\pm(30A^8/8-11)$

□表10-8　A^8脚素数～A^9脚素数

多脚素数	代表値	最最長脚
$2^{128}=A^8$	$2\grave{n}-(30A^8/2^3-8)$	$\pm(30A^8/2^3-11)$
$2^{129}=2A^8$	$2\grave{n}-(30A^8/2^2-8)$	$\pm(30A^8/2^2-11)$
$2^{130}=2^2A^8$	$2\grave{n}\quad(30A^8/2-8)$	$\pm(30A^8/2-11)$
$2^{131}=2^3A^8$	$2\grave{n}-(30A^8-8)$	$\pm(30A^8-11)$
$2^{132}=2^4A^8$	$2\grave{n}-(2*30A^8-8)$	$\pm(2*30A^8-11)$
$2^{133}=2^5A^8$	$2\grave{n}-(2^2*30A^8-8)$	$\pm(2^2*30A^8-11)$
$2^{134}=2^6A^8$	$2\grave{n}-(2^3*30A^8-8)$	$\pm(2^3*30A^8-11)$
$2^{135}=2^7A^8$	$2\grave{n}-(2^4*30A^8-8)$	$\pm(2^4*30A^8-11)$
$2^{136}=2^8A^8$	$2\grave{n}-(2^5*30A^8-8)$	$\pm(2^5*30A^8-11)$
$2^{137}=2^9A^8$	$2\grave{n}-(2^6*30A^8-8)$	$\pm(2^6*30A^8-11)$
$2^{138}=2^{10}A^8$	$2\grave{n}-(2^7*30A^8-8)$	$\pm(2^7*30A^8-11)$
$2^{139}=2^{11}A^8$	$2\grave{n}-(2^8*30A^8-8)$	$\pm(2^8*30A^8-11)$
$2^{140}=2^{12}A^8$	$2\grave{n}-(2^9*30A^8-8)$	$\pm(2^9*30A^8-11)$
$2^{141}=2^{13}A^8$	$2\grave{n}-(2^{10}*30A^8-8)$	$\pm(2^{10}*30A^8-11)$
$2^{142}=2^{14}A^8$	$2\grave{n}-(2^{11}*30A^8-8)$	$\pm(2^{11}*30A^8-11)$
$2^{143}=2^{15}A^8$	$2\grave{n}-(2^{12}*30A^8-8)$	$\pm(2^{12}*30A^8-11)$
$2^{144}=A^9$	$2\grave{n}-(30A^9/8-8)$	$\pm(30A^9/8-11)$

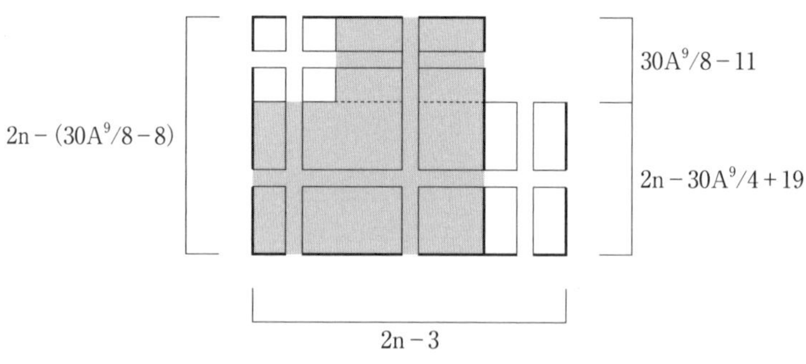

図10-8　A^9脚素数の一般解
代表値；$2\grave{n}-(30A^9/8-8)$　最最長脚；$\pm(30A^9/8-11)$

□表10-9　A^9脚素数～A^{10}脚素数

多脚素数	代表値	最最長脚
$2^{144}=A^9$	$2\grave{n}-(30A^9/2^3-8)$	$\pm(30A^9/2^3-11)$
$2^{145}=2A^9$	$2\grave{n}-(30A^9/2^2-8)$	$\pm(30A^9/2^2-11)$
$2^{146}=2^2A^9$	$2\grave{n}-(30A^9/2-8)$	$\pm(30A^9/2-11)$
$2^{147}=2^3A^9$	$2\grave{n}-(30A^9-8)$	$\pm(30A^9-11)$
$2^{148}=2^4A^9$	$2\grave{n}-(2*30A^9-8)$	$\pm(2*30A^9-11)$
$2^{149}=2^5A^9$	$2\grave{n}-(2^2*30A^9-8)$	$\pm(2^2*30A^9-11)$
$2^{150}=2^6A^9$	$2\grave{n}-(2^3*30A^9-8)$	$\pm(2^3*30A^9-11)$
$2^{151}=2^7A^9$	$2\grave{n}-(2^4*30A^9-8)$	$\pm(2^4*30A^9-11)$
$2^{152}=2^8A^9$	$2\grave{n}-(2^5*30A^9-8)$	$\pm(2^5*30A^9-11)$
$2^{153}=2^9A^9$	$2\grave{n}-(2^6*30A^9-8)$	$\pm(2^6*30A^9-11)$
$2^{154}=2^{10}A^9$	$2\grave{n}-(2^7*30A^9-8)$	$\pm(2^7*30A^9-11)$
$2^{155}=2^{11}A^9$	$2\grave{n}-(2^8*30A^9-8)$	$\pm(2^8*30A^9-11)$
$2^{156}=2^{12}A^9$	$2\grave{n}-(2^9*30A^9-8)$	$\pm(2^9*30A^9-11)$
$2^{157}=2^{13}A^9$	$2\grave{n}-(2^{10}*30A^9-8)$	$\pm(2^{10}*30A^9-11)$
$2^{158}=2^{14}A^9$	$2\grave{n}-(2^{11}*30A^9-8)$	$\pm(2^{11}*30A^9-11)$
$2^{159}=2^{15}A^9$	$2\grave{n}-(2^{12}*30A^9-8)$	$\pm(2^{12}*30A^9-11)$
$2^{160}=A^{10}$	$2\grave{n}-(30A^{10}/8-8)$	$\pm(30A^{10}/8-11)$

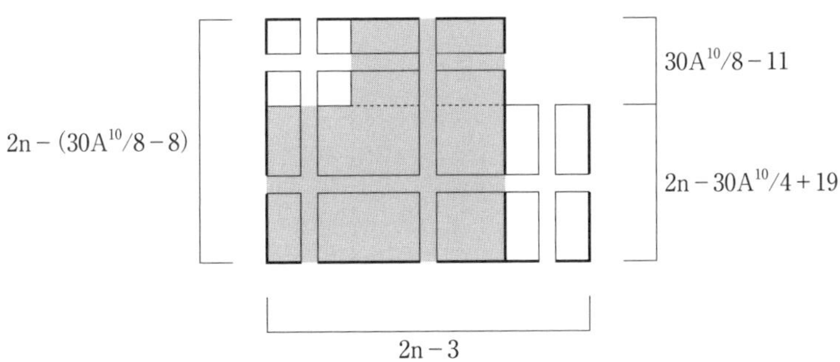

図10-9　A^{10}脚素数の一般解
代表値；$2\grave{n}-(30A^{10}/8-8)$　最最長脚；$\pm(30A^{10}/8-11)$

□表10-10　A^{10}脚素数～ A^{11}脚素数

多脚素数	代表値	最最長脚
$2^{160}=A^{10}$	$2\grave{n}-(30A^{10}/2^3-8)$	$\pm(30A^{10}/2^3-11)$
$2^{161}=2A^{10}$	$2\grave{n}-(30A^{10}/2^2-8)$	$\pm(30A^{10}/2^2-11)$
$2^{162}=2^2A^{10}$	$2\grave{n}\ (30A^{10}/2-8)$	$\pm(30A^{10}/2-11)$
$2^{163}=2^3A^{10}$	$2\grave{n}-(30A^{10}-8)$	$\pm(30A^{10}-11)$
$2^{164}=2^4A^{10}$	$2\grave{n}-(2*30A^{10}-8)$	$\pm(2*30A^{10}-11)$
$2^{165}=2^5A^{10}$	$2\grave{n}-(2^2*30A^{10}-8)$	$\pm(2^2*30A^{10}-11)$
$2^{166}=2^6A^{10}$	$2\grave{n}-(2^3*30A^{10}-8)$	$\pm(2^3*30A^{10}-11)$
$2^{167}=2^7A^{10}$	$2\grave{n}-(2^4*30A^{10}-8)$	$\pm(2^4*30A^{10}-11)$
$2^{168}=2^8A^{10}$	$2\grave{n}-(2^5*30A^{10}-8)$	$\pm(2^5*30A^{10}-11)$
$2^{169}=2^9A^{10}$	$2\grave{n}-(2^6*30A^{10}-8)$	$\pm(2^6*30A^{10}-11)$
$2^{170}=2^{10}A^{10}$	$2\grave{n}-(2^7*30A^{10}-8)$	$\pm(2^7*30A^{10}-11)$
$2^{171}=2^{11}A^{10}$	$2\grave{n}-(2^8*30A^{10}-8)$	$\pm(2^8*30A^{10}-11)$
$2^{172}=2^{12}A^{10}$	$2\grave{n}-(2^9*30A^{10}-8)$	$\pm(2^9*30A^{10}-11)$
$2^{173}=2^{13}A^{10}$	$2\grave{n}-(2^{10}*30A^{10}-8)$	$\pm(2^{10}*30A^{10}-11)$
$2^{174}=2^{14}A^{10}$	$2\grave{n}-(2^{11}*30A^{10}-8)$	$\pm(2^{11}*30A^{10}-11)$
$2^{175}=2^{15}A^{10}$	$2\grave{n}-(2^{12}*30A^{10}-8)$	$\pm(2^{12}*30A^{10}-11)$
$2^{176}=A^{11}$	$2\grave{n}-(30A^{11}/8-8)$	$\pm(30A^{11}/8-11)$

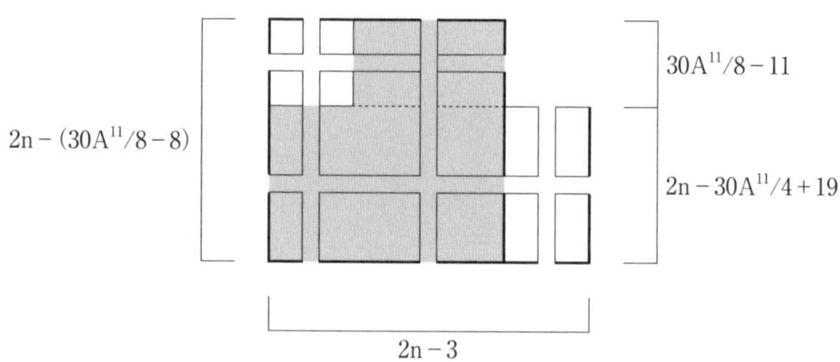

図10-10　A^{11}脚素数の一般解
代表値；$2\grave{n}-(30A^{11}/8-8)$　最最長脚；$\pm(30A^{11}/8-11)$

□表10-11　A^{11}脚素数～A^{12}脚素数

多脚素数	代表値	最最長脚
$2^{176}=A^{11}$	$2\grave{n}-(30A^{11}/2^3-8)$	$\pm(30A^{11}/2^3-11)$
$2^{177}=2A^{11}$	$2\grave{n}-(30A^{11}/2^2-8)$	$\pm(30A^{11}/2^2-11)$
$2^{178}=2^2A^{11}$	$2\grave{n}-(30A^{11}/2-8)$	$\pm(30A^{11}/2-11)$
$2^{179}=2^3A^{11}$	$2\grave{n}-(30A^{11}-8)$	$\pm(30A^{11}-11)$
$2^{180}=2^4A^{11}$	$2\grave{n}-(2*30A^{11}-8)$	$\pm(2*30A^{11}-11)$
$2^{181}=2^5A^{11}$	$2\grave{n}-(2^2*30A^{11}-8)$	$\pm(2^2*30A^{11}-11)$
$2^{182}=2^6A^{11}$	$2\grave{n}-(2^3*30A^{11}-8)$	$\pm(2^3*30A^{11}-11)$
$2^{183}=2^7A^{11}$	$2\grave{n}-(2^4*30A^{11}-8)$	$\pm(2^4*30A^{11}-11)$
$2^{184}=2^8A^{11}$	$2\grave{n}-(2^5*30A^{11}-8)$	$\pm(2^5*30A^{11}-11)$
$2^{185}=2^9A^{11}$	$2\grave{n}-(2^6*30A^{11}-8)$	$\pm(2^6*30A^{11}-11)$
$2^{186}=2^{10}A^{11}$	$2\grave{n}-(2^7*30A^{11}-8)$	$\pm(2^7*30A^{11}-11)$
$2^{187}=2^{11}A^{11}$	$2\grave{n}-(2^8*30A^{11}-8)$	$\pm(2^8*30A^{11}-11)$
$2^{188}=2^{12}A^{11}$	$2\grave{n}-(2^9*30A^{11}-8)$	$\pm(2^9*30A^{11}-11)$
$2^{189}=2^{13}A^{11}$	$2\grave{n}-(2^{10}*30A^{11}-8)$	$\pm(2^{10}*30A^{11}-11)$
$2^{190}=2^{14}A^{11}$	$2\grave{n}-(2^{11}*30A^{11}-8)$	$\pm(2^{11}*30A^{11}-11)$
$2^{191}=2^{15}A^{11}$	$2\grave{n}-(2^{12}*30A^{11}-8)$	$\pm(2^{12}*30A^{11}-11)$
$2^{192}=A^{12}$	$2\grave{n}-(30A^{12}/8-8)$	$\pm(30A^{12}/8-11)$

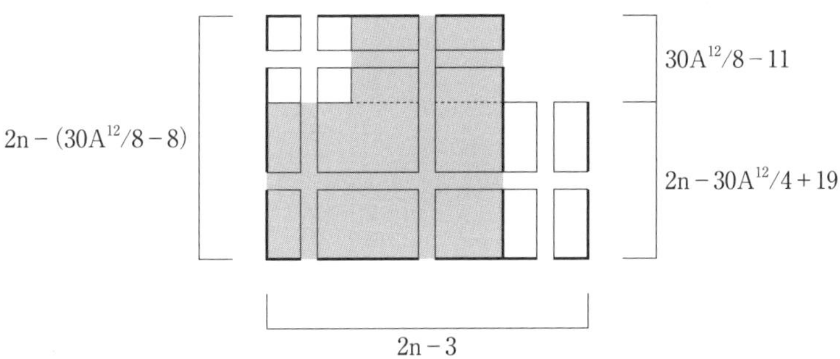

図10-11　A^{12}脚素数の一般解
代表値；$2\grave{n}-(30A^{12}/8-8)$　最最長脚；$\pm(30A^{12}/8-11)$

□表10-12　A^{12}脚素数～A^{13}脚素数

多脚素数	代表値	最最長脚
$2^{192}=A^{12}$	$2\grave{n}-(30A^{12}/2^3-8)$	$\pm(30A^{12}/2^3-11)$
$2^{193}=2A^{12}$	$2\grave{n}-(30A^{12}/2^2-8)$	$\pm(30A^{12}/2^2-11)$
$2^{194}=2^2A^{12}$	$2\grave{n}-(30A^{12}/2-8)$	$\pm(30A^{12}/2-11)$
$2^{195}=2^3A^{12}$	$2\grave{n}-(30A^{12}-8)$	$\pm(30A^{12}-11)$
$2^{196}=2^4A^{12}$	$2\grave{n}-(2*30A^{12}-8)$	$\pm(2*30A^{12}-11)$
$2^{197}=2^5A^{12}$	$2\grave{n}-(2^2*30A^{12}-8)$	$\pm(2^2*30A^{12}-11)$
$2^{198}=2^6A^{12}$	$2\grave{n}-(2^3*30A^{12}-8)$	$\pm(2^3*30A^{12}-11)$
$2^{199}=2^7A^{12}$	$2\grave{n}-(2^4*30A^{12}-8)$	$\pm(2^4*30A^{12}-11)$
$2^{200}=2^8A^{12}$	$2\grave{n}-(2^5*30A^{12}-8)$	$\pm(2^5*30A^{12}-11)$
$2^{201}=2^9A^{12}$	$2\grave{n}-(2^6*30A^{12}-8)$	$\pm(2^6*30A^{12}-11)$
$2^{202}=2^{10}A^{12}$	$2\grave{n}-(2^7*30A^{12}-8)$	$\pm(2^7*30A^{12}-11)$
$2^{203}=2^{11}A^{12}$	$2\grave{n}-(2^8*30A^{12}-8)$	$\pm(2^8*30A^{12}-11)$
$2^{204}=2^{12}A^{12}$	$2\grave{n}-(2^9*30A^{12}-8)$	$\pm(2^9*30A^{12}-11)$
$2^{205}=2^{13}A^{12}$	$2\grave{n}-(2^{10}*30A^{12}-8)$	$\pm(2^{10}*30A^{12}-11)$
$2^{206}=2^{14}A^{12}$	$2\grave{n}-(2^{11}*30A^{12}-8)$	$\pm(2^{11}*30A^{12}-11)$
$2^{207}=2^{15}A^{12}$	$2\grave{n}-(2^{12}*30A^{12}-8)$	$\pm(2^{12}*30A^{12}-11)$
$2^{208}=A^{13}$	$2\grave{n}-(30A^{13}/8-8)$	$\pm(30A^{13}/8-11)$

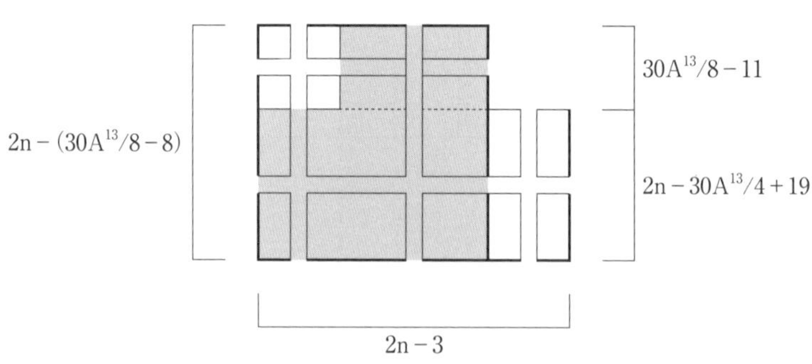

図10-12　A^{13}脚素数の一般解
代表値；$2\grave{n}-(30A^{13}/8-8)$　最最長脚；$\pm(30A^{13}/8-11)$

□表10-13　A^{13}脚素数～A^{14}脚素数

多脚素数	代表値	最最長脚
$2^{208}=A^{13}$	$2\grave{n}-(30A^{13}/2^3-8)$	$\pm(30A^{13}/2^3-11)$
$2^{209}=2A^{13}$	$2\grave{n}-(30A^{13}/2^2-8)$	$\pm(30A^{13}/2^2-11)$
$2^{210}=2^2A^{13}$	$2\grave{n}-(30A^{13}/2-8)$	$\pm(30A^{13}/2-11)$
$2^{211}=2^3A^{13}$	$2\grave{n}-(30A^{13}-8)$	$\pm(30A^{13}-11)$
$2^{212}=2^4A^{13}$	$2\grave{n}-(2*30A^{13}-8)$	$\pm(2*30A^{13}-11)$
$2^{213}=2^5A^{13}$	$2\grave{n}-(2^2*30A^{13}-8)$	$\pm(2^2*30A^{13}-11)$
$2^{214}=2^6A^{13}$	$2\grave{n}-(2^3*30A^{13}-8)$	$\pm(2^3*30A^{13}-11)$
$2^{215}=2^7A^{13}$	$2\grave{n}-(2^4*30A^{13}-8)$	$\pm(2^4*30A^{13}-11)$
$2^{216}=2^8A^{13}$	$2\grave{n}-(2^5*30A^{13}-8)$	$\pm(2^5*30A^{13}-11)$
$2^{217}=2^9A^{13}$	$2\grave{n}-(2^6*30A^{13}-8)$	$\pm(2^6*30A^{13}-11)$
$2^{218}=2^{10}A^{13}$	$2\grave{n}-(2^7*30A^{13}-8)$	$\pm(2^7*30A^{13}-11)$
$2^{219}=2^{11}A^{13}$	$2\grave{n}-(2^8*30A^{13}-8)$	$\pm(2^8*30A^{13}-11)$
$2^{220}=2^{12}A^{13}$	$2\grave{n}-(2^9*30A^{13}-8)$	$\pm(2^9*30A^{13}-11)$
$2^{221}=2^{13}A^{13}$	$2\grave{n}-(2^{10}*30A^{13}-8)$	$\pm(2^{10}*30A^{13}-11)$
$2^{222}=2^{14}A^{13}$	$2\grave{n}-(2^{11}*30A^{13}-8)$	$\pm(2^{11}*30A^{13}-11)$
$2^{223}=2^{15}A^{13}$	$2\grave{n}-(2^{12}*30A^{13}-8)$	$\pm(2^{12}*30A^{13}-11)$
$2^{224}=A^{14}$	$2\grave{n}-(30A^{14}/8-8)$	$\pm(30A^{14}/8-11)$

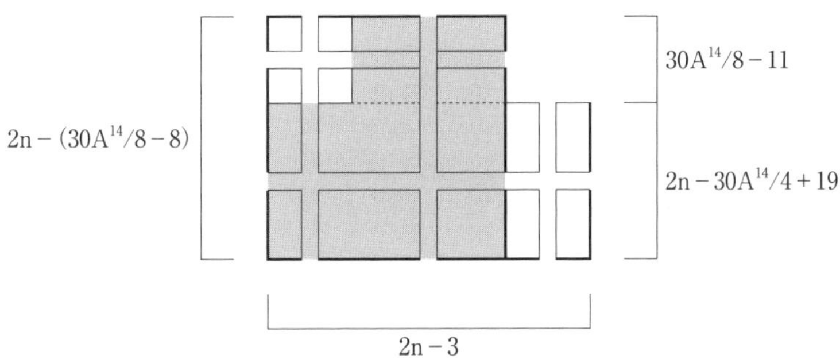

図10-13　A^{14}脚素数の一般解
代表値；$2\grave{n}-(30A^{14}/8-8)$　最最長脚；$\pm(30A^{14}/8-11)$

□表10-14　A^{14}脚素数～A^{15}脚素数

多脚素数	代表値	最最長脚
$2^{224}=A^{14}$	$2\grave{n}-(30A^{14}/2^{3}-8)$	$\pm(30A^{14}/2^{3}-11)$
$2^{225}=2A^{14}$	$2\grave{n}-(30A^{14}/2^{2}-8)$	$\pm(30A^{14}/2^{2}-11)$
$2^{226}=2^{2}A^{14}$	$2\grave{n}-(30A^{14}/2-8)$	$\pm(30A^{14}/2-11)$
$2^{227}=2^{3}A^{14}$	$2\grave{n}-(30A^{14}-8)$	$\pm(30A^{14}-11)$
$2^{228}=2^{4}A^{14}$	$2\grave{n}-(2*30A^{14}-8)$	$\pm(2*30A^{14}-11)$
$2^{229}=2^{5}A^{14}$	$2\grave{n}-(2^{2}*30A^{14}-8)$	$\pm(2^{2}*30A^{14}-11)$
$2^{230}=2^{6}A^{14}$	$2\grave{n}-(2^{3}*30A^{14}-8)$	$\pm(2^{3}*30A^{14}-11)$
$2^{231}=2^{7}A^{14}$	$2\grave{n}-(2^{4}*30A^{14}-8)$	$\pm(2^{4}*30A^{14}-11)$
$2^{232}=2^{8}A^{14}$	$2\grave{n}-(2^{5}*30A^{14}-8)$	$\pm(2^{5}*30A^{14}-11)$
$2^{233}=2^{9}A^{14}$	$2\grave{n}-(2^{6}*30A^{14}-8)$	$\pm(2^{6}*30A^{14}-11)$
$2^{234}=2^{10}A^{14}$	$2\grave{n}-(2^{7}*30A^{14}-8)$	$\pm(2^{7}*30A^{14}-11)$
$2^{235}=2^{11}A^{14}$	$2\grave{n}-(2^{8}*30A^{14}-8)$	$\pm(2^{8}*30A^{14}-11)$
$2^{236}=2^{12}A^{14}$	$2\grave{n}-(2^{9}*30A^{14}-8)$	$\pm(2^{9}*30A^{14}-11)$
$2^{237}=2^{13}A^{14}$	$2\grave{n}-(2^{10}*30A^{14}-8)$	$\pm(2^{10}*30A^{14}-11)$
$2^{238}=2^{14}A^{14}$	$2\grave{n}-(2^{11}*30A^{14}-8)$	$\pm(2^{11}*30A^{14}-11)$
$2^{239}=2^{15}A^{14}$	$2\grave{n}-(2^{12}*30A^{14}-8)$	$\pm(2^{12}*30A^{14}-11)$
$2^{240}=A^{15}$	$2\grave{n}-(30A^{15}/8-8)$	$\pm(30A^{15}/8-11)$

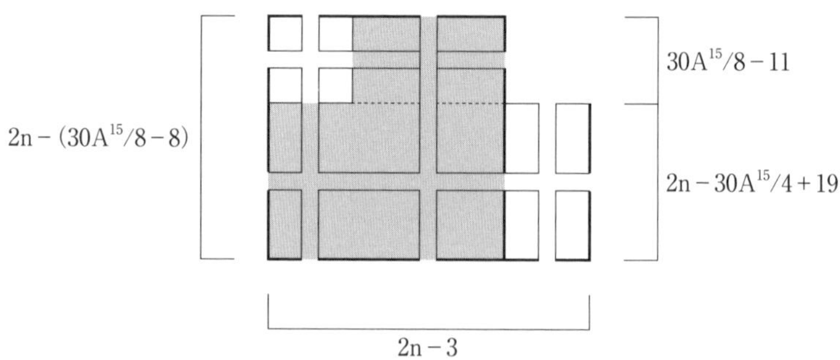

図10-14　A^{15}脚素数の一般解

代表値；$2\grave{n}-(30A^{15}/8-8)$　最最長脚；$\pm(30A^{15}/8-11)$

□表10-15　A^{15}脚素数～A^{16}脚素数

多脚素数	代表値	最最長脚
$2^{240}=A^{15}$	$2\grave{n}-(30A^{15}/2^3-8)$	$\pm(30A^{15}/2^3-11)$
$2^{241}=2A^{15}$	$2\grave{n}-(30A^{15}/2^2-8)$	$\pm(30A^{15}/2^2-11)$
$2^{242}=2^2A^{15}$	$2\grave{n}-(30A^{15}/2-8)$	$\pm(30A^{15}/2-11)$
$2^{243}=2^3A^{15}$	$2\grave{n}-(30A^{15}-8)$	$\pm(30A^{15}-11)$
$2^{244}=2^4A^{15}$	$2\grave{n}-(2*30A^{15}-8)$	$\pm(2*30A^{15}-11)$
$2^{245}=2^5A^{15}$	$2\grave{n}-(2^2*30A^{15}-8)$	$\pm(2^2*30A^{15}-11)$
$2^{246}=2^6A^{15}$	$2\grave{n}-(2^3*30A^{15}-8)$	$\pm(2^3*30A^{15}-11)$
$2^{247}=2^7A^{15}$	$2\grave{n}-(2^4*30A^{15}-8)$	$\pm(2^4*30A^{15}-11)$
$2^{248}=2^8A^{15}$	$2\grave{n}-(2^5*30A^{15}-8)$	$\pm(2^5*30A^{15}-11)$
$2^{249}=2^9A^{15}$	$2\grave{n}-(2^6*30A^{15}-8)$	$\pm(2^6*30A^{15}-11)$
$2^{250}=2^{10}A^{15}$	$2\grave{n}-(2^7*30A^{15}-8)$	$\pm(2^7*30A^{15}-11)$
$2^{251}=2^{11}A^{15}$	$2\grave{n}-(2^8*30A^{15}-8)$	$\pm(2^8*30A^{15}-11)$
$2^{252}=2^{12}A^{15}$	$2\grave{n}-(2^9*30A^{15}-8)$	$\pm(2^9*30A^{15}-11)$
$2^{253}=2^{13}A^{15}$	$2\grave{n}-(2^{10}*30A^{15}-8)$	$\pm(2^{10}*30A^{15}-11)$
$2^{254}=2^{14}A^{15}$	$2\grave{n}-(2^{11}*30A^{15}-8)$	$\pm(2^{11}*30A^{15}-11)$
$2^{255}=2^{15}A^{15}$	$2\grave{n}-(2^{12}*30A^{15}-8)$	$\pm(2^{12}*30A^{15}-11)$
$2^{256}=A^{16}$	$2\grave{n}-(30A^{16}/8-8)$	$\pm(30A^{16}/8-11)$

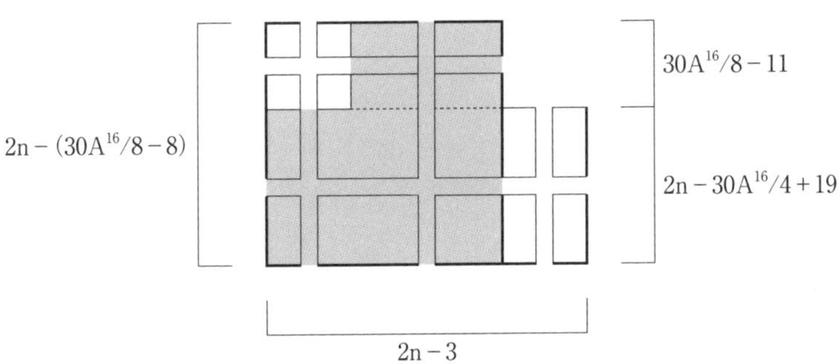

図10-15　A^{16}脚素数の一般解
代表値；$2\grave{n}-(30A^{16}/8-8)$　最最長脚；$\pm(30A^{16}/8-11)$

□表10-16　A^{16}脚素数～ A^{17}脚素数

多脚素数	代表値	最最長脚
$2^{256}=A^{16}$	$2\grave{n}-(30A^{16}/2^3-8)$	$\pm(30A^{16}/2^3-11)$
$2^{257}=2A^{16}$	$2\grave{n}-(30A^{16}/2^2-8)$	$\pm(30A^{16}/2^2-11)$
$2^{258}=2^2A^{16}$	$2\grave{n}-(30A^{16}/2-8)$	$\pm(30A^{16}/2-11)$
$2^{259}=2^3A^{16}$	$2\grave{n}-(30A^{16}-8)$	$\pm(30A^{16}-11)$
$2^{260}=2^4A^{16}$	$2\grave{n}-(2*30A^{16}-8)$	$\pm(2*30A^{16}-11)$
$2^{261}=2^5A^{16}$	$2\grave{n}-(2^2*30A^{16}-8)$	$\pm(2^2*30A^{16}-11)$
$2^{262}=2^6A^{16}$	$2\grave{n}-(2^3*30A^{16}-8)$	$\pm(2^3*30A^{16}-11)$
$2^{263}=2^7A^{16}$	$2\grave{n}-(2^4*30A^{16}-8)$	$\pm(2^4*30A^{16}-11)$
$2^{264}=2^8A^{16}$	$2\grave{n}-(2^5*30A^{16}-8)$	$\pm(2^5*30A^{16}-11)$
$2^{265}=2^9A^{16}$	$2\grave{n}-(2^6*30A^{16}-8)$	$\pm(2^6*30A^{16}-11)$
$2^{266}=2^{10}A^{16}$	$2\grave{n}-(2^7*30A^{16}-8)$	$\pm(2^7*30A^{16}-11)$
$2^{267}=2^{11}A^{16}$	$2\grave{n}-(2^8*30A^{16}-8)$	$\pm(2^8*30A^{16}-11)$
$2^{268}=2^{12}A^{16}$	$2\grave{n}-(2^9*30A^{16}-8)$	$\pm(2^9*30A^{16}-11)$
$2^{269}=2^{13}A^{16}$	$2\grave{n}-(2^{10}*30A^{16}-8)$	$\pm(2^{10}*30A^{16}-11)$
$2^{270}=2^{14}A^{16}$	$2\grave{n}-(2^{11}*30A^{16}-8)$	$\pm(2^{11}*30A^{16}-11)$
$2^{271}=2^{15}A^{16}$	$2\grave{n}-(2^{12}*30A^{16}-8)$	$\pm(2^{12}*30A^{16}-11)$
$2^{272}=A^{17}$	$2\grave{n}-(30A^{17}/8-8)$	$\pm(30A^{17}/8-11)$

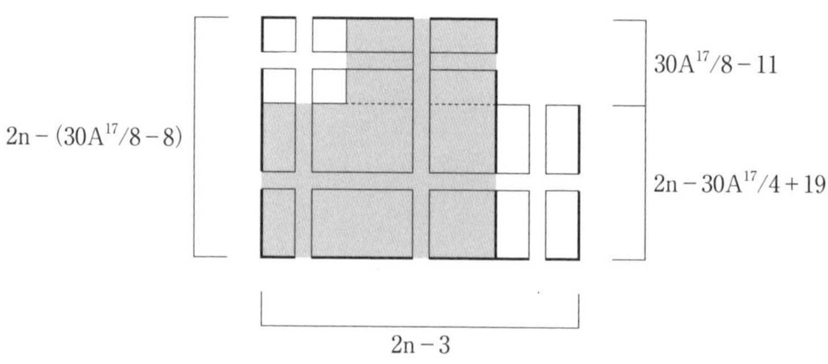

図10-16　A^{17}脚素数の一般解
代表値；$2\grave{n}-(30A^{17}/8-8)$　最最長脚；$\pm(30A^{17}/8-11)$

□表10-17　A^{17}脚素数～A^{18}脚素数

多脚素数	代表値	最最長脚
$2^{272}=A^{17}$	$2\grave{n}-(30A^{17}/2^3-8)$	$\pm(30A^{17}/2^3-11)$
$2^{273}=2A^{17}$	$2\grave{n}-(30A^{17}/2^2-8)$	$\pm(30A^{16}/2^2-11)$
$2^{274}=2^2A^{17}$	$2\grave{n}-(30A^{17}/2-8)$	$\pm(30A^{17}/2-11)$
$2^{275}=2^3A^{17}$	$2\grave{n}-(30A^{17}-8)$	$\pm(30A^{17}-11)$
$2^{276}=2^4A^{17}$	$2\grave{n}-(2*30A^{17}-8)$	$\pm(2*30A^{17}-11)$
$2^{277}=2^5A^{17}$	$2\grave{n}-(2^2*30A^{17}-8)$	$\pm(2^2*30A^{17}-11)$
$2^{278}=2^6A^{17}$	$2\grave{n}-(2^3*30A^{17}-8)$	$\pm(2^3*30A^{17}-11)$
$2^{279}=2^7A^{17}$	$2\grave{n}-(2^4*30A^{17}-8)$	$\pm(2^4*30A^{17}-11)$
$2^{280}=2^8A^{17}$	$2\grave{n}-(2^5*30A^{17}-8)$	$\pm(2^5*30A^{17}-11)$
$2^{281}=2^9A^{17}$	$2\grave{n}-(2^6*30A^{17}-8)$	$\pm(2^6*30A^{17}-11)$
$2^{282}=2^{10}A^{17}$	$2\grave{n}-(2^7*30A^{17}-8)$	$\pm(2^7*30A^{17}-11)$
$2^{283}=2^{11}A^{17}$	$2\grave{n}-(2^8*30A^{17}-8)$	$\pm(2^8*30A^{17}-11)$
$2^{284}=2^{12}A^{17}$	$2\grave{n}-(2^9*30A^{17}-8)$	$\pm(2^9*30A^{17}-11)$
$2^{285}=2^{13}A^{17}$	$2\grave{n}-(2^{10}*30A^{17}-8)$	$\pm(2^{10}*30A^{17}-11)$
$2^{286}=2^{14}A^{17}$	$2\grave{n}-(2^{11}*30A^{17}-8)$	$\pm(2^{11}*30A^{17}-11)$
$2^{287}=2^{15}A^{17}$	$2\grave{n}-(2^{12}*30A^{17}-8)$	$\pm(2^{12}*30A^{17}-11)$
$2^{288}=A^{18}$	$2\grave{n}-(30A^{18}/8-8)$	$\pm(30A^{18}/8-11)$

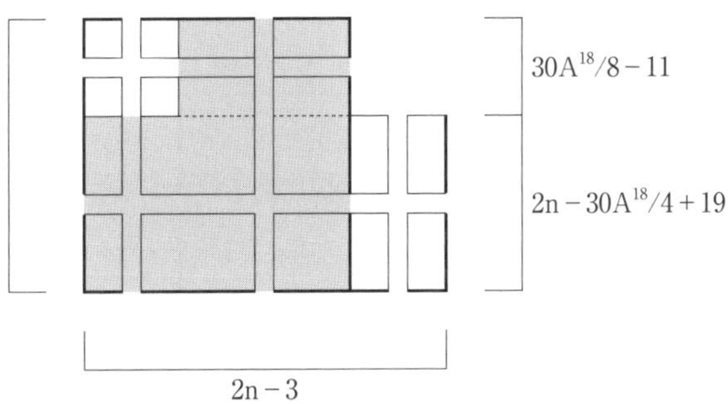

図10-17　A^{18}脚素数の一般解
代表値；$2\grave{n}-(30A^{18}/8-8)$　最最長脚；$\pm(30A^{18}/8-11)$

□表10-18　A^{18}脚素数～A^{19}脚素数

多脚素数	代表値	最最長脚
$2^{288}=A^{18}$	$2\grave{n}-(30A^{18}/2^3-8)$	$\pm(30A^{18}/2^3-11)$
$2^{289}=2A^{18}$	$2\grave{n}-(30A^{18}/2^2-8)$	$\pm(30A^{18}/2^2-11)$
$2^{290}=2^2A^{18}$	$2\grave{n}-(30A^{18}/2-8)$	$\pm(30A^{18}2-11)$
$2^{291}=2^3A^{18}$	$2\grave{n}-(30A^{18}-8)$	$\pm(30A^{18}-11)$
$2^{292}=2^4A^{18}$	$2\grave{n}-(2*30A^{18}-8)$	$\pm(2*30A^{18}-11)$
$2^{293}=2^5A^{18}$	$2\grave{n}-(2^2*30A^{18}-8)$	$\pm(2^2*30A^{18}-11)$
$2^{294}=2^6A^{18}$	$2\grave{n}-(2^3*30A^{18}-8)$	$\pm(2^3*30A^{18}-11)$
$2^{295}=2^7A^{18}$	$2\grave{n}-(2^4*30A^{18}-8)$	$\pm(2^4*30A^{18}-11)$
$2^{296}=2^8A^{18}$	$2\grave{n}-(2^5*30A^{18}-8)$	$\pm(2^5*30A^{18}-11)$
$2^{297}=2^9A^{18}$	$2\grave{n}-(2^6*30A^{18}-8)$	$\pm(2^6*30A^{18}-11)$
$2^{298}=2^{10}A^{18}$	$2\grave{n}-(2^7*30A^{18}-8)$	$\pm(2^7*30A^{18}-11)$
$2^{299}=2^{11}A^{18}$	$2\grave{n}-(2^8*30A^{18}-8)$	$\pm(2^8*30A^{18}-11)$
$2^{300}=2^{12}A^{18}$	$2\grave{n}-(2^9*30A^{18}-8)$	$\pm(2^9*30A^{18}-11)$
$2^{301}=2^{13}A^{18}$	$2\grave{n}-(2^{10}*30A^{18}-8)$	$\pm(2^{10}*30A^{18}-11)$
$2^{302}=2^{14}A^{18}$	$2\grave{n}-(2^{11}*30A^{18}-8)$	$\pm(2^{11}*30A^{18}-11)$
$2^{303}=2^{15}A^{18}$	$2\grave{n}-(2^{12}*30A^{18}-8)$	$\pm(2^{12}*30A^{18}-11)$
$2^{304}=A^{19}$	$2\grave{n}-(30A^{19}/8-8)$	$\pm(30A^{19}/8-11)$

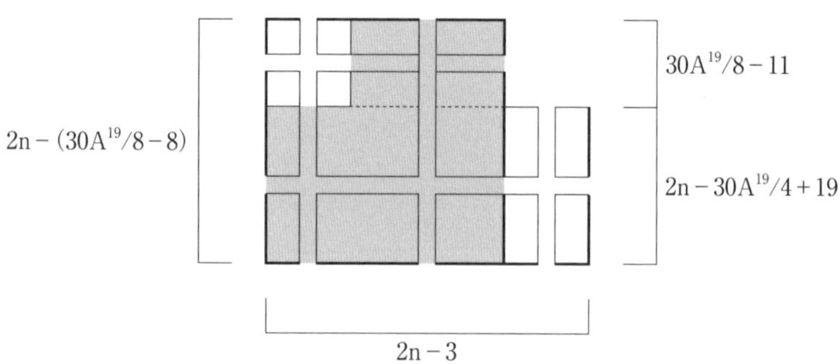

図10-18　A^{19}脚素数の一般解
代表値；$2\grave{n}-(30A^{19}/8-8)$　最最長脚；$\pm(30A^{19}/8-11)$

□表10-19　A^{19}脚素数～A^{20}脚素数

多脚素数	代表値	最最長脚
$2^{304}=A^{19}$	$2\grave{n}-(30A^{19}/2^3-8)$	$\pm(30A^{19}/2^3-11)$
$2^{305}=2A^{19}$	$2\grave{n}-(30A^{19}/2^2-8)$	$\pm(30A^{18}/2^2-11)$
$2^{306}=2^2A^{19}$	$2\grave{n}-(30A^{19}/2-8)$	$\pm(30A^{19}/2-11)$
$2^{307}=2^3A^{19}$	$2\grave{n}-(30A^{19}-8)$	$\pm(30A^{19}-11)$
$2^{308}=2^4A^{19}$	$2\grave{n}-(2*30A^{19}-8)$	$\pm(2*30A^{19}-11)$
$2^{309}=2^5A^{19}$	$2\grave{n}-(2^2*30A^{19}-8)$	$\pm(2^2*30A^{19}-11)$
$2^{310}=2^6A^{19}$	$2\grave{n}-(2^3*30A^{19}-8)$	$\pm(2^3*30A^{19}-11)$
$2^{311}=2^7A^{19}$	$2\grave{n}-(2^4*30A^{19}-8)$	$\pm(2^4*30A^{19}-11)$
$2^{312}=2^8A^{19}$	$2\grave{n}-(2^5*30A^{19}-8)$	$\pm(2^5*30A^{19}-11)$
$2^{313}=2^9A^{19}$	$2\grave{n}-(2^6*30A^{19}-8)$	$\pm(2^6*30A^{19}-11)$
$2^{314}=2^{10}A^{19}$	$2\grave{n}-(2^7*30A^{19}-8)$	$\pm(2^7*30A^{19}-11)$
$2^{315}=2^{11}A^{19}$	$2\grave{n}-(2^8*30A^{19}-8)$	$\pm(2^8*30A^{18}-11)$
$2^{316}=2^{12}A^{19}$	$2\grave{n}-(2^9*30A^{19}-8)$	$\pm(2^9*30A^{19}-11)$
$2^{317}=2^{13}A^{19}$	$2\grave{n}-(2^{10}*30A^{19}-8)$	$\pm(2^{10}*30A^{19}-11)$
$2^{318}=2^{14}A^{19}$	$2\grave{n}-(2^{11}*30A^{19}-8)$	$\pm(2^{11}*30A^{19}-11)$
$2^{319}=2^{15}A^{19}$	$2\grave{n}-(2^{12}*30A^{19}-8)$	$\pm(2^{12}*30A^{19}-11)$
$2^{320}=A^{20}$	$2\grave{n}-(30A^{20}/8-8)$	$\pm(30A^{20}/8-11)$

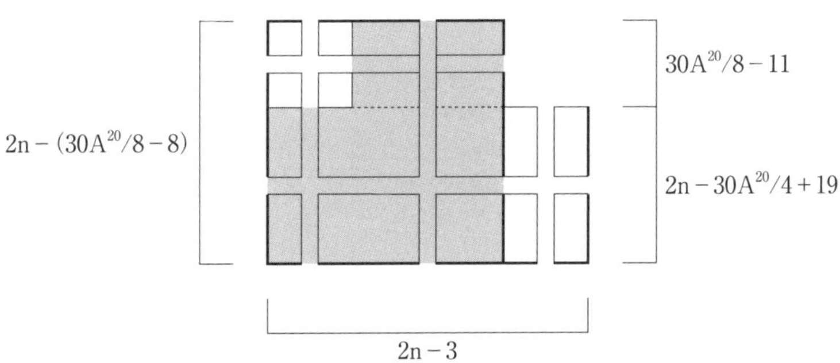

図10-19　A^{20}脚素数の一般解
代表値；$2\grave{n}-(30A^{20}/8-8)$　最最長脚；$\pm(30A^{20}/8-11)$

□表10-20　A^{20}脚素数～A^{21}脚素数

多脚素数	代表値	最最長脚
$2^{320}=A^{20}$	$2\grave{n}-(30A^{20}/2^3-8)$	$\pm(30A^{20}/2^3-11)$
$2^{321}=2A^{20}$	$2\grave{n}-(30A^{20}/2^2-8)$	$\pm(30A^{20}/2^2-11)$
$2^{322}=2^2A^{20}$	$2\grave{n}-(30A^{20}/2-8)$	$\pm(30A^{20}/2-11)$
$2^{323}=2^3A^{20}$	$2\grave{n}-(30A^{20}-8)$	$\pm(30A^{20}-11)$
$2^{324}=2^4A^{20}$	$2\grave{n}-(2*30A^{20}-8)$	$\pm(2*30A^{20}-11)$
$2^{325}=2^5A^{20}$	$2\grave{n}-(2^2*30A^{20}-8)$	$\pm(2^2*30A^{20}-11)$
$2^{326}=2^6A^{20}$	$2\grave{n}-(2^3*30A^{20}-8)$	$\pm(2^3*30A^{20}-11)$
$2^{327}=2^7A^{20}$	$2\grave{n}-(2^4*30A^{20}-8)$	$\pm(2^4*30A^{20}-11)$
$2^{328}=2^8A^{20}$	$2\grave{n}-(2^5*30A^{20}-8)$	$\pm(2^5*30A^{20}-11)$
$2^{329}=2^9A^{20}$	$2\grave{n}-(2^6*30A^{20}-8)$	$\pm(2^6*30A^{20}-11)$
$2^{330}=2^{10}A^{20}$	$2\grave{n}-(2^7*30A^{20}-8)$	$\pm(2^7*30A^{20}-11)$
$2^{331}=2^{11}A^{20}$	$2\grave{n}-(2^8*30A^{20}-8)$	$\pm(2^8*30A^{20}-11)$
$2^{332}=2^{12}A^{20}$	$2\grave{n}-(2^9*30A^{20}-8)$	$\pm(2^9*30A^{20}-11)$
$2^{333}=2^{13}A^{20}$	$2\grave{n}-(2^{10}*30A^{20}-8)$	$\pm(2^{10}*30A^{20}-11)$
$2^{334}=2^{14}A^{20}$	$2\grave{n}-(2^{11}*30A^{20}-8)$	$\pm(2^{11}*30A^{20}-11)$
$2^{335}=2^{15}A^{20}$	$2\grave{n}-(2^{12}*30A^{20}-8)$	$\pm(2^{12}*30A^{20}-11)$
$2^{336}=A^{21}$	$2\grave{n}-(30A^{21}/8-8)$	$\pm(30A^{21}/8-11)$

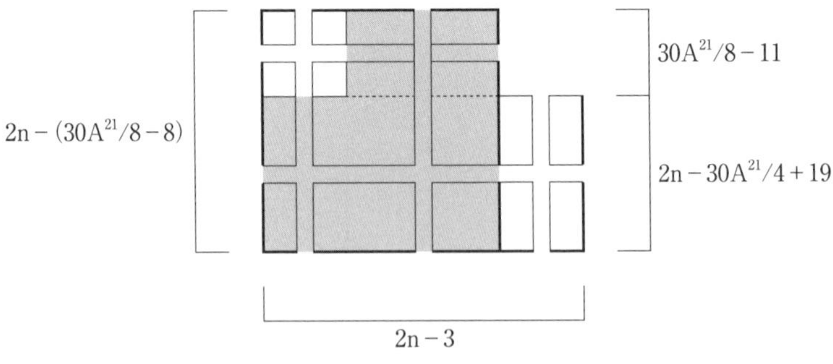

図10-20　A^{21}脚素数の一般解
代表値；$2\grave{n}-(30A^{21}/8-8)$　最最長脚；$\pm(30A^{21}/8-11)$

□表10-21　A^{21}脚素数～A^{22}脚素数

多脚素数	代表値	最最長脚
$2^{336}=A^{21}$	$2\grave{n}-(30A^{21}/2^3-8)$	$\pm(30A^{21}/2^3-11)$
$2^{337}=2A^{21}$	$2\grave{n}-(30A^{21}/2^2-8)$	$\pm(30A^{21}/2^2-11)$
$2^{338}=2^2A^{21}$	$2\grave{n}-(30A^{21}/2-8)$	$\pm(30A^{21}/2-11)$
$2^{339}=2^3A^{21}$	$2\grave{n}-(30A^{21}-8)$	$\pm(30A^{21}-11)$
$2^{340}=2^4A^{21}$	$2\grave{n}-(2*30A^{21}-8)$	$\pm(2*30A^{21}-11)$
$2^{341}=2^5A^{21}$	$2\grave{n}-(2^2*30A^{21}-8)$	$\pm(2^2*30A^{21}-11)$
$2^{342}=2^6A^{21}$	$2\grave{n}-(2^3*30A^{21}-8)$	$\pm(2^3*30A^{21}-11)$
$2^{343}=2^7A^{21}$	$2\grave{n}-(2^4*30A^{21}-8)$	$\pm(2^4*30A^{21}-11)$
$2^{344}=2^8A^{21}$	$2\grave{n}-(2^5*30A^{21}-8)$	$\pm(2^5*30A^{21}-11)$
$2^{345}=2^9A^{21}$	$2\grave{n}-(2^6*30A^{21}-8)$	$\pm(2^6*30A^{21}-11)$
$2^{346}=2^{10}A^{21}$	$2\grave{n}-(2^7*30A^{21}-8)$	$\pm(2^7*30A^{21}-11)$
$2^{347}=2^{11}A^{21}$	$2\grave{n}-(2^8*30A^{21}-8)$	$\pm(2^8*30A^{21}-11)$
$2^{348}=2^{12}A^{21}$	$2\grave{n}-(2^9*30A^{21}-8)$	$\pm(2^9*30A^{21}-11)$
$2^{349}=2^{13}A^{21}$	$2\grave{n}-(2^{10}*30A^{21}-8)$	$\pm(2^{10}*30A^{21}-11)$
$2^{350}=2^{14}A^{21}$	$2\grave{n}-(2^{11}*30A^{21}-8)$	$\pm(2^{11}*30A^{21}-11)$
$2^{351}=2^{15}A^{21}$	$2\grave{n}-(2^{12}*30A^{21}-8)$	$\pm(2^{12}*30A^{21}-11)$
$2^{352}=A^{22}$	$2\grave{n}-(30A^{22}/8-8)$	$\pm(30A^{22}/8-11)$

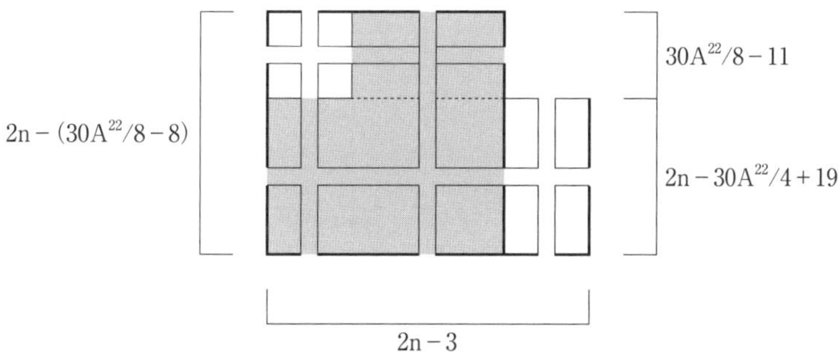

図10-21　A^{22}脚素数の一般解
代表値；$2\grave{n}-(30A^{22}/8-8)$　最最長脚；$\pm(30A^{22}/8-11)$

□表10-22　A^{22}脚素数～A^{23}脚素数

多脚素数	代表値	最最長脚
$2^{352}=A^{22}$	$2\grave{n}-(30A^{22}/2^3-8)$	$\pm(30A^{22}/2^3-11)$
$2^{353}=2A^{22}$	$2\grave{n}-(30A^{22}/2^2-8)$	$\pm(30A^{22}/2^2-11)$
$2^{354}=2^2A^{22}$	$2\grave{n}-(30A^{22}/2-8)$	$\pm(30A^{22}/2-11)$
$2^{355}=2^3A^{22}$	$2\grave{n}-(30A^{22}-8)$	$\pm(30A^{22}-11)$
$2^{356}=2^4A^{22}$	$2\grave{n}-(2*30A^{22}-8)$	$\pm(2*30A^{22}-11)$
$2^{357}=2^5A^{22}$	$2\grave{n}-(2^2*30A^{22}-8)$	$\pm(2^2*30A^{22}-11)$
$2^{358}=2^6A^{22}$	$2\grave{n}-(2^3*30A^{22}-8)$	$\pm(2^3*30A^{22}-11)$
$2^{359}=2^7A^{22}$	$2\grave{n}-(2^4*30A^{22}-8)$	$\pm(2^4*30A^{22}-11)$
$2^{360}=2^8A^{22}$	$2\grave{n}-(2^5*30A^{22}-8)$	$\pm(2^5*30A^{22}-11)$
$2^{361}=2^9A^{22}$	$2\grave{n}-(2^6*30A^{22}-8)$	$\pm(2^6*30A^{22}-11)$
$2^{362}=2^{10}A^{22}$	$2\grave{n}-(2^7*30A^{22}-8)$	$\pm(2^7*30A^{22}-11)$
$2^{363}=2^{11}A^{22}$	$2\grave{n}-(2^8*30A^{22}-8)$	$\pm(2^8*30A^{22}-11)$
$2^{364}=2^{12}A^{22}$	$2\grave{n}-(2^9*30A^{22}-8)$	$\pm(2^9*30A^{22}-11)$
$2^{365}=2^{13}A^{22}$	$2\grave{n}-(2^{10}*30A^{22}-8)$	$\pm(2^{10}*30A^{22}-11)$
$2^{366}=2^{14}A^{22}$	$2\grave{n}-(2^{11}*30A^{22}-8)$	$\pm(2^{11}*30A^{22}-11)$
$2^{367}=2^{15}A^{22}$	$2\grave{n}-(2^{12}*30A^{22}-8)$	$\pm(2^{12}*30A^{22}-11)$
$2^{368}=A^{23}$	$2\grave{n}-(30A^{23}/8-8)$	$\pm(30A^{23}/8-11)$

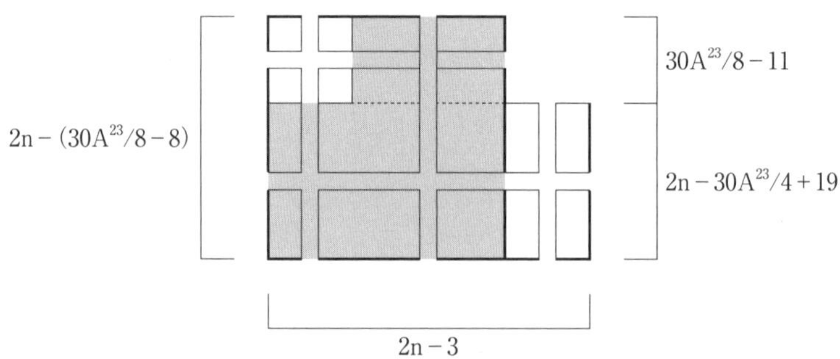

図10-22　A^{23}脚素数の一般解
代表値；$2\grave{n}-(30A^{23}/8-8)$　最最長脚；$\pm(30A^{23}/8-11)$

□表10-23　A^{23}脚素数～A^{24}脚素数

多脚素数	代表値	最最長脚
$2^{368}=A^{23}$	$2\grave{n}-(30A^{23}/2^3-8)$	$\pm(30A^{23}/2^3-11)$
$2^{369}=2A^{23}$	$2\grave{n}-(30A^{23}/2^2-8)$	$\pm(30A^{23}/2^2-11)$
$2^{370}=2^2A^{23}$	$2\grave{n}-(30A^{23}/2-8)$	$\pm(30A^{23}/2-11)$
$2^{371}=2^3A^{23}$	$2\grave{n}-(30A^{23}-8)$	$\pm(30A^{23}-11)$
$2^{372}=2^4A^{23}$	$2\grave{n}-(2*30A^{23}-8)$	$\pm(2*30A^{23}-11)$
$2^{373}=2^5A^{23}$	$2\grave{n}-(2^2*30A^{23}-8)$	$\pm(2^2*30A^{23}-11)$
$2^{374}=2^6A^{23}$	$2\grave{n}-(2^3*30A^{23}-8)$	$\pm(2^3*30A^{23}-11)$
$2^{375}=2^7A^{23}$	$2\grave{n}-(2^4*30A^{23}-8)$	$\pm(2^4*30A^{23}-11)$
$2^{376}=2^8A^{23}$	$2\grave{n}-(2^5*30A^{23}-8)$	$\pm(2^5*30A^{23}-11)$
$2^{377}=2^9A^{23}$	$2\grave{n}-(2^6*30A^{23}-8)$	$\pm(2^6*30A^{23}-11)$
$2^{378}=2^{10}A^{23}$	$2\grave{n}-(2^7*30A^{23}-8)$	$\pm(2^7*30A^{23}-11)$
$2^{379}=2^{11}A^{23}$	$2\grave{n}-(2^8*30A^{23}-8)$	$\pm(2^8*30A^{23}-11)$
$2^{380}=2^{12}A^{23}$	$2\grave{n}-(2^9*30A^{23}-8)$	$\pm(2^9*30A^{23}-11)$
$2^{381}=2^{13}A^{23}$	$2\grave{n}-(2^{10}*30A^{23}-8)$	$\pm(2^{10}*30A^{23}-11)$
$2^{382}=2^{14}A^{23}$	$2\grave{n}-(2^{11}*30A^{23}-8)$	$\pm(2^{11}*30A^{23}-11)$
$2^{383}=2^{15}A^{23}$	$2\grave{n}-(2^{12}*30A^{23}-8)$	$\pm(2^{12}*30A^{23}-11)$
$2^{384}=A^{24}$	$2\grave{n}-(30A^{24}/8-8)$	$\pm(30A^{24}/8-11)$

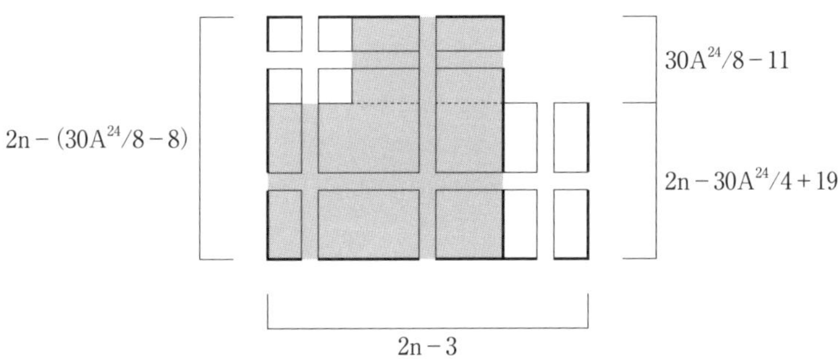

図10-23　A^{24}脚素数の一般解

代表値；$2\grave{n}-(30A^{24}/8-8)$　最最長脚；$\pm(30A^{24}/8-11)$

□表10-24　A^{24}脚素数～A^{25}脚素数

多脚素数	代表値	最最長脚
$2^{384}=A^{24}$	$2\grave{n}-(30A^{24}/2^3-8)$	$\pm(30A^{24}/2^3-11)$
$2^{385}=2A^{24}$	$2\grave{n}-(30A^{24}/2^2-8)$	$\pm(30A^{24}/2^2-11)$
$2^{386}=2^2A^{24}$	$2\grave{n}-(30A^{24}/2-8)$	$\pm(30A^{24}/2-11)$
$2^{387}=2^3A^{24}$	$2\grave{n}-(30A^{24}-8)$	$\pm(30A^{24}-11)$
$2^{388}=2^4A^{24}$	$2\grave{n}-(2*30A^{24}-8)$	$\pm(2*30A^{24}-11)$
$2^{389}=2^5A^{24}$	$2\grave{n}-(2^2*30A^{24}-8)$	$\pm(2^2*30A^{24}-11)$
$2^{390}=2^6A^{24}$	$2\grave{n}-(2^3*30A^{24}-8)$	$\pm(2^3*30A^{24}-11)$
$2^{391}=2^7A^{24}$	$2\grave{n}-(2^4*30A^{24}-8)$	$\pm(2^4*30A^{24}-11)$
$2^{392}=2^8A^{24}$	$2\grave{n}-(2^5*30A^{24}-8)$	$\pm(2^5*30A^{24}-11)$
$2^{393}=2^9A^{24}$	$2\grave{n}-(2^6*30A^{24}-8)$	$\pm(2^6*30A^{24}-11)$
$2^{394}=2^{10}A^{24}$	$2\grave{n}-(2^7*30A^{24}-8)$	$\pm(2^7*30A^{24}-11)$
$2^{395}=2^{11}A^{24}$	$2\grave{n}-(2^8*30A^{24}-8)$	$\pm(2^8*30A^{24}-11)$
$2^{396}=2^{12}A^{24}$	$2\grave{n}-(2^9*30A^{24}-8)$	$\pm(2^9*30A^{24}-11)$
$2^{397}=2^{13}A^{24}$	$2\grave{n}-(2^{10}*30A^{24}-8)$	$\pm(2^{10}*30A^{24}-11)$
$2^{398}=2^{14}A^{24}$	$2\grave{n}-(2^{11}*30A^{24}-8)$	$\pm(2^{11}*30A^{24}-11)$
$2^{399}=2^{15}A^{24}$	$2\grave{n}-(2^{12}*30A^{24}-8)$	$\pm(2^{12}*30A^{24}-11)$
$2^{400}=A^{25}$	$2\grave{n}-(30A^{25}/8-8)$	$\pm(30A^{25}/8-11)$

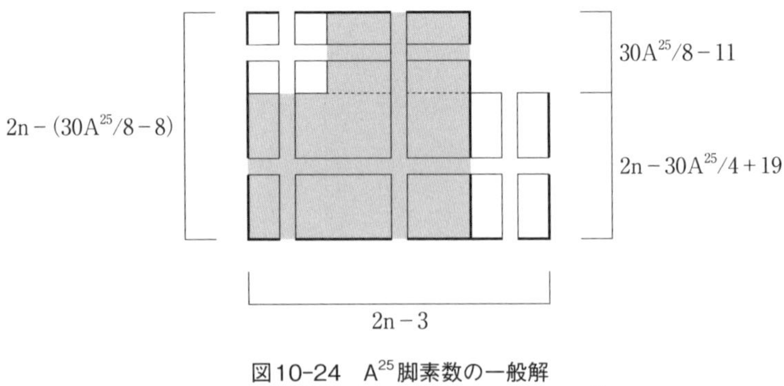

図10-24　A^{25}脚素数の一般解
代表値；$2\grave{n}-(30A^{25}/8-8)$　最最長脚；$\pm(30A^{25}/8-11)$

□表10-25　A^{25}脚素数～A^{26}脚素数

多脚素数	代表値	最最長脚
$2^{400}=A^{25}$	$2\grave{n}-(30A^{25}/2^{3}-8)$	$\pm(30A^{25}/2^{3}-11)$
$2^{401}=2A^{25}$	$2\grave{n}-(30A^{25}/2^{2}-8)$	$\pm(30A^{25}/2^{2}-11)$
$2^{402}=2^{2}A^{25}$	$2\grave{n}-(30A^{25}/2-8)$	$\pm(30A^{25}/2-11)$
$2^{403}=2^{3}A^{25}$	$2\grave{n}-(30A^{25}-8)$	$\pm(30A^{25}-11)$
$2^{404}=2^{4}A^{25}$	$2\grave{n}-(2*30A^{25}-8)$	$\pm(2*30A^{25}-11)$
$2^{405}=2^{5}A^{25}$	$2\grave{n}-(2^{2}*30A^{25}-8)$	$\pm(2^{2}*30A^{25}-11)$
$2^{406}=2^{6}A^{25}$	$2\grave{n}-(2^{3}*30A^{25}-8)$	$\pm(2^{3}*30A^{25}-11)$
$2^{407}=2^{7}A^{25}$	$2\grave{n}-(2^{4}*30A^{25}-8)$	$\pm(2^{4}*30A^{25}-11)$
$2^{408}=2^{8}A^{25}$	$2\grave{n}-(2^{5}*30A^{25}-8)$	$\pm(2^{5}*30A^{25}-11)$
$2^{409}=2^{9}A^{25}$	$2\grave{n}-(2^{6}*30A^{25}-8)$	$\pm(2^{6}*30A^{25}-11)$
$2^{410}=2^{10}A^{25}$	$2\grave{n}-(2^{7}*30A^{25}-8)$	$\pm(2^{7}*30A^{25}-11)$
$2^{411}=2^{11}A^{25}$	$2\grave{n}-(2^{8}*30A^{25}-8)$	$\pm(2^{8}*30A^{25}-11)$
$2^{412}=2^{12}A^{25}$	$2\grave{n}-(2^{9}*30A^{25}-8)$	$\pm(2^{9}*30A^{25}-11)$
$2^{413}=2^{13}A^{25}$	$2\grave{n}-(2^{10}*30A^{25}-8)$	$\pm(2^{10}*30A^{25}-11)$
$2^{414}=2^{14}A^{25}$	$2\grave{n}-(2^{11}*30A^{25}-8)$	$\pm(2^{11}*30A^{25}-11)$
$2^{415}=2^{15}A^{25}$	$2\grave{n}-(2^{12}*30A^{25}-8)$	$\pm(2^{12}*30A^{25}-11)$
$2^{416}=A^{26}$	$2\grave{n}-(30A^{26}/8-8)$	$\pm(30A^{26}/8-11)$

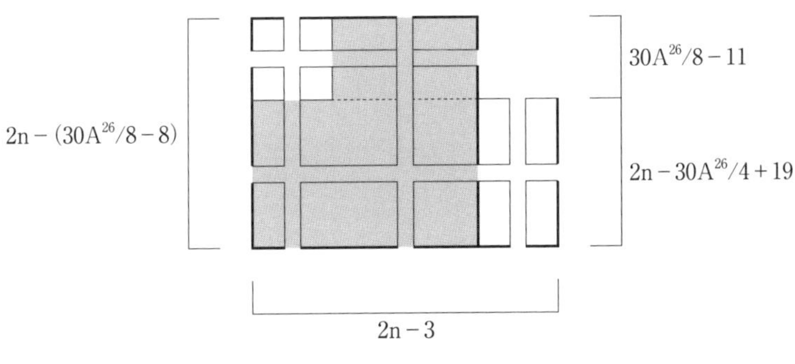

図10-25　A^{26}脚素数の一般解
代表値；$2\grave{n}-(30A^{26}/8-8)$　最最長脚；$\pm(30A^{26}/8-11)$

□表10-26　A^{26}脚素数～A^{27}脚素数

多脚素数	代表値	最最長脚
$2^{416}=A^{26}$	$2\grave{n}-(30A^{26}/2^{3}-8)$	$\pm(30A^{26}/2^{3}-11)$
$2^{417}=2A^{26}$	$2\grave{n}-(30A^{26}/2^{2}-8)$	$\pm(30A^{26}/2^{2}-11)$
$2^{418}=2^{2}A^{26}$	$2\grave{n}\quad(30A^{26}/2-8)$	$\pm(30A^{26}/2-11)$
$2^{419}=2^{3}A^{26}$	$2\grave{n}-(30A^{26}-8)$	$\pm(30A^{26}-11)$
$2^{420}=2^{4}A^{26}$	$2\grave{n}-(2*30A^{26}-8)$	$\pm(2*30A^{26}-11)$
$2^{421}=2^{5}A^{26}$	$2\grave{n}-(2^{2}*30A^{26}-8)$	$\pm(2^{2}*30A^{26}-11)$
$2^{422}=2^{6}A^{26}$	$2\grave{n}-(2^{3}*30A^{26}-8)$	$\pm(2^{3}*30A^{26}-11)$
$2^{423}=2^{7}A^{26}$	$2\grave{n}-(2^{4}*30A^{26}-8)$	$\pm(2^{4}*30A^{26}-11)$
$2^{424}=2^{8}A^{26}$	$2\grave{n}-(2^{5}*30A^{26}-8)$	$\pm(2^{5}*30A^{26}-11)$
$2^{425}=2^{9}A^{26}$	$2\grave{n}-(2^{6}*30A^{26}-8)$	$\pm(2^{6}*30A^{26}-11)$
$2^{426}=2^{10}A^{26}$	$2\grave{n}-(2^{7}*30A^{26}-8)$	$\pm(2^{7}*30A^{26}-11)$
$2^{427}=2^{11}A^{26}$	$2\grave{n}-(2^{8}*30A^{26}-8)$	$\pm(2^{8}*30A^{26}-11)$
$2^{428}=2^{12}A^{26}$	$2\grave{n}-(2^{9}*30A^{26}-8)$	$\pm(2^{9}*30A^{26}-11)$
$2^{429}=2^{13}A^{26}$	$2\grave{n}-(2^{10}*30A^{26}-8)$	$\pm(2^{10}*30A^{26}11)$
$2^{430}=2^{14}A^{26}$	$2\grave{n}-(2^{11}*30A^{26}-8)$	$\pm(2^{11}*30A^{26}-11)$
$2^{431}=2^{15}A^{26}$	$2\grave{n}-(2^{12}*30A^{26}-8)$	$\pm(2^{12}*30A^{26}-11)$
$2^{432}=A^{27}$	$2\grave{n}-(30A^{27}/8-8)$	$\pm(30A^{27}/8-11)$

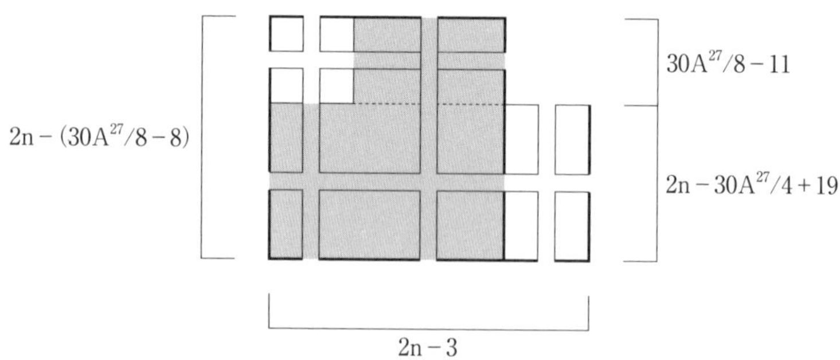

図10-26　A^{27}脚素数の一般解
代表値；$2\grave{n}-(30A^{27}/8-8)$　最最長脚；$\pm(30A^{27}/8-11)$

□表10-27　A^{27}脚素数～A^{28}脚素数

多脚素数	代表値	最最長脚
$2^{432}=A^{27}$	$2\grave{n}-(30A^{27}/2^3-8)$	$\pm(30A^{27}/2^3-11)$
$2^{433}=2A^{27}$	$2\grave{n}-(30A^{27}/2^2-8)$	$\pm(30A^{27}/2^2-11)$
$2^{434}=2^2A^{27}$	$2\grave{n}-(30A^{27}/2-8)$	$\pm(30A^{27}/2-11)$
$2^{435}=2^3A^{27}$	$2\grave{n}-(30A^{27}-8)$	$\pm(30A^{27}-11)$
$2^{436}=2^4A^{27}$	$2\grave{n}-(2*30A^{27}-8)$	$\pm(2*30A^{27}-11)$
$2^{437}=2^5A^{27}$	$2\grave{n}-(2^2*30A^{27}-8)$	$\pm(2^2*30A^{27}-11)$
$2^{438}=2^6A^{27}$	$2\grave{n}-(2^3*30A^{27}-8)$	$\pm(2^3*30A^{27}-11)$
$2^{439}=2^7A^{27}$	$2\grave{n}-(2^4*30A^{27}-8)$	$\pm(2^4*30A^{27}-11)$
$2^{440}=2^8A^{27}$	$2\grave{n}-(2^5*30A^{27}-8)$	$\pm(2^5*30A^{27}-11)$
$2^{441}=2^9A^{27}$	$2\grave{n}-(2^6*30A^{27}-8)$	$\pm(2^6*30A^{27}-11)$
$2^{442}=2^{10}A^{27}$	$2\grave{n}-(2^7*30A^{27}-8)$	$\pm(2^7*30A^{27}-11)$
$2^{443}=2^{11}A^{27}$	$2\grave{n}-(2^8*30A^{27}-8)$	$\pm(2^8*30A^{27}-11)$
$2^{444}=2^{12}A^{27}$	$2\grave{n}-(2^9*30A^{27}-8)$	$\pm(2^9*30A^{27}-11)$
$2^{445}=2^{13}A^{27}$	$2\grave{n}-(2^{10}*30A^{27}-8)$	$\pm(2^{10}*30A^{27}-11)$
$2^{446}=2^{14}A^{27}$	$2\grave{n}-(2^{11}*30A^{27}-8)$	$\pm(2^{11}*30A^{27}-11)$
$2^{447}=2^{15}A^{27}$	$2\grave{n}-(2^{12}*30A^{27}-8)$	$\pm(2^{12}*30A^{27}-11)$
$2^{448}=A^{28}$	$2\grave{n}-(30A^{28}/8-8)$	$\pm(30A^{28}/8-11)$

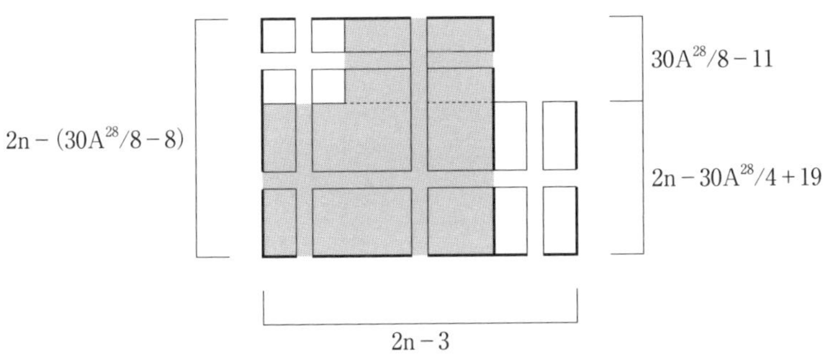

図10-27　A^{28}脚素数の一般解
代表値；$2\grave{n}-(30A^{28}/8-8)$　最最長脚；$\pm(30A^{28}/8-11)$

□表10-28　A^{28}脚素数～A^{29}脚素数

多脚素数	代表値	最最長脚
$2^{448}=A^{28}$	2ǹ − $(30A^{28}/2^3-8)$	± $(30A^{28}/2^3-11)$
$2^{449}=2A^{28}$	2ǹ − $(30A^{28}/2^2-8)$	± $(30A^{28}/2^2-11)$
$2^{450}=2^2A^{28}$	2ǹ − $(30A^{28}/2-8)$	± $(30A^{28}/2-11)$
$2^{451}=2^3A^{28}$	2ǹ − $(30A^{28}-8)$	± $(30A^{28}-11)$
$2^{452}=2^4A^{28}$	2ǹ − $(2*30A^{28}-8)$	± $(2*30A^{28}-11)$
$2^{453}=2^5A^{28}$	2ǹ − $(2^2*30A^{28}-8)$	± $(2^2*30A^{28}-11)$
$2^{454}=2^6A^{28}$	2ǹ − $(2^3*30A^{28}-8)$	± $(2^3*30A^{28}-11)$
$2^{455}=2^7A^{28}$	2ǹ − $(2^4*30A^{28}-8)$	± $(2^4*30A^{28}-11)$
$2^{456}=2^8A^{28}$	2ǹ − $(2^5*30A^{28}-8)$	± $(2^5*30A^{28}-11)$
$2^{457}=2^9A^{28}$	2ǹ − $(2^6*30A^{28}-8)$	± $(2^6*30A^{28}-11)$
$2^{458}=2^{10}A^{28}$	2ǹ − $(2^7*30A^{28}-8)$	± $(2^7*30A^{28}-11)$
$2^{459}=2^{11}A^{28}$	2ǹ − $(2^8*30A^{28}-8)$	± $(2^8*30A^{28}-11)$
$2^{460}=2^{12}A^{28}$	2ǹ − $(2^9*30A^{28}-8)$	± $(2^9*30A^{28}-11)$
$2^{461}=2^{13}A^{28}$	2ǹ − $(2^{10}*30A^{28}-8)$	± $(2^{10}*30A^{28}-11)$
$2^{462}=2^{14}A^{28}$	2ǹ − $(2^{11}*30A^{28}-8)$	± $(2^{11}*30A^{28}-11)$
$2^{463}=2^{15}A^{28}$	2ǹ − $(2^{12}*30A^{28}-8)$	± $(2^{12}*30A^{28}-11)$
$2^{464}=A^{29}$	2ǹ − $(30A^{29}/8-8)$	± $(30A^{29}/8-11)$

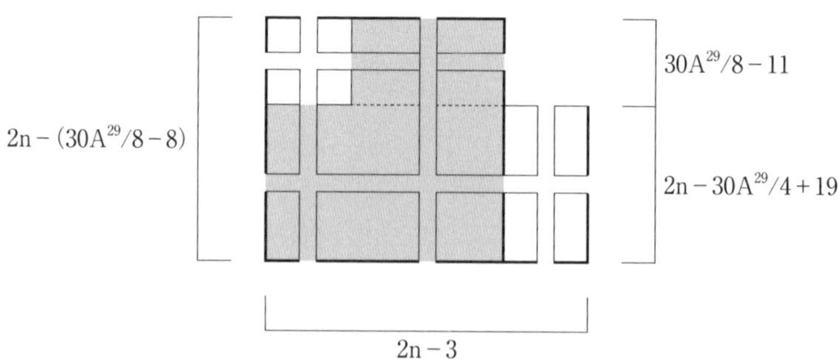

図10-28　A^{29}脚素数の一般解
代表値；2ǹ−$(30A^{29}/8-8)$　最最長脚；±$(30A^{29}/8-11)$

□表10-29　A^{29}脚素数～A^{30}脚素数

多脚素数	代表値	最最長脚
$2^{464}=A^{29}$	$2\grave{n}-(30A^{29}/2^3-8)$	$\pm(30A^{29}/2^3-11)$
$2^{465}=2A^{29}$	$2\grave{n}-(30A^{29}/2^2-8)$	$\pm(30A^{29}/2^2-11)$
$2^{466}=2^2A^{29}$	$2\grave{n}-(30A^{29}/2-8)$	$\pm(30A^{29}/2-11)$
$2^{467}=2^3A^{29}$	$2\grave{n}-(30A^{29}-8)$	$\pm(30A^{29}-11)$
$2^{468}=2^4A^{29}$	$2\grave{n}-(2*30A^{29}-8)$	$\pm(2*30A^{29}-11)$
$2^{469}=2^5A^{29}$	$2\grave{n}-(2^2*30A^{29}-8)$	$\pm(2^2*30A^{29}-11)$
$2^{470}=2^6A^{29}$	$2\grave{n}-(2^3*30A^{29}-8)$	$\pm(2^3*30A^{29}-11)$
$2^{471}=2^7A^{29}$	$2\grave{n}-(2^4*30A^{29}-8)$	$\pm(2^4*30A^{29}-11)$
$2^{472}=2^8A^{29}$	$2\grave{n}-(2^5*30A^{29}-8)$	$\pm(2^5*30A^{29}-11)$
$2^{473}=2^9A^{29}$	$2\grave{n}-(2^6*30A^{29}-8)$	$\pm(2^6*30A^{29}-11)$
$2^{474}=2^{10}A^{29}$	$2\grave{n}-(2^7*30A^{29}-8)$	$\pm(2^7*30A^{29}-11)$
$2^{475}=2^{11}A^{29}$	$2\grave{n}-(2^8*30A^{29}-8)$	$\pm(2^8*30A^{29}-11)$
$2^{476}=2^{12}A^{28}$	$2\grave{n}-(2^9*30A^{29}-8)$	$\pm(2^9*30A^{29}-11)$
$2^{477}=2^{13}A^{29}$	$2\grave{n}-(2^{10}*30A^{29}-8)$	$\pm(2^{10}*30A^{29}-11)$
$2^{478}=2^{14}A^{28}$	$2\grave{n}-(2^{11}*30A^{29}-8)$	$\pm(2^{11}*30A^{29}-11)$
$2^{479}=2^{15}A^{29}$	$2\grave{n}-(2^{12}*30A^{29}-8)$	$\pm(2^{12}*30A^{29}-11)$
$2^{480}=A^{30}$	$2\grave{n}-(30A^{30}/8-8)$	$\pm(30A^{30}/8-11)$

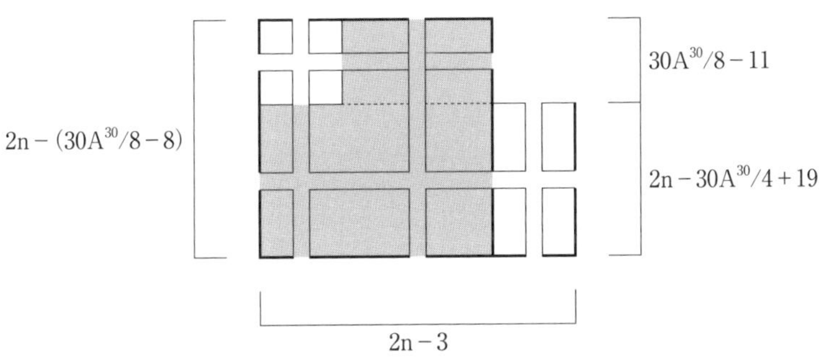

図10-29　A^{30}脚素数の一般解

代表値；$2\grave{n}-(30A^{30}/8-8)$　最最長脚；$\pm(30A^{30}/8-11)$

□表10-30　A^{30}脚素数～A^{31}脚素数

多脚素数	代表値	最最長脚
$2^{480}=A^{30}$	$2\grave{n}-(30A^{30}/2^3-8)$	$\pm(30A^{30}/2^3-11)$
$2^{481}=2A^{30}$	$2\grave{n}-(30A^{30}/2^2-8)$	$\pm(30A^{30}/2^2-11)$
$2^{482}=2^2A^{30}$	$2\grave{n}-(30A^{30}/2-8)$	$\pm(30A^{30}/2-11)$
$2^{483}=2^3A^{30}$	$2\grave{n}-(30A^{30}-8)$	$\pm(30A^{30}-11)$
$2^{484}=2^4A^{30}$	$2\grave{n}-(2*30A^{30}-8)$	$\pm(2*30A^{30}-11)$
$2^{485}=2^5A^{30}$	$2\grave{n}-(2^2*30A^{30}-8)$	$\pm(2^2*30A^{30}-11)$
$2^{486}=2^6A^{30}$	$2\grave{n}-(2^3*30A^{30}-8)$	$\pm(2^3*30A^{30}-11)$
$2^{487}=2^7A^{30}$	$2\grave{n}-(2^4*30A^{30}-8)$	$\pm(2^4*30A^{30}-11)$
$2^{488}=2^8A^{30}$	$2\grave{n}-(2^5*30A^{30}-8)$	$\pm(2^5*30A^{30}-11)$
$2^{489}=2^9A^{30}$	$2\grave{n}-(2^6*30A^{30}-8)$	$\pm(2^6*30A^{30}-11)$
$2^{490}=2^{10}A^{30}$	$2\grave{n}-(2^7*30A^{30}-8)$	$\pm(2^7*30A^{30}-11)$
$2^{491}=2^{11}A^{30}$	$2\grave{n}-(2^8*30A^{30}-8)$	$\pm(2^8*30A^{30}-11)$
$2^{492}=2^{12}A^{30}$	$2\grave{n}-(2^9*30A^{30}-8)$	$\pm(2^9*30A^{30}-11)$
$2^{493}=2^{13}A^{30}$	$2\grave{n}-(2^{10}*30A^{30}-8)$	$\pm(2^{10}*30A^{30}-11)$
$2^{494}=2^{14}A^{30}$	$2\grave{n}-(2^{11}*30A^{30}-8)$	$\pm(2^{11}*30A^{30}-11)$
$2^{495}=2^{15}A^{30}$	$2\grave{n}-(2^{12}*30A^{30}-8)$	$\pm(2^{12}*30A^{30}-11)$
$2^{496}=A^{31}$	$2\grave{n}-(30A^{31}/8-8)$	$\pm(30A^{31}/8-11)$

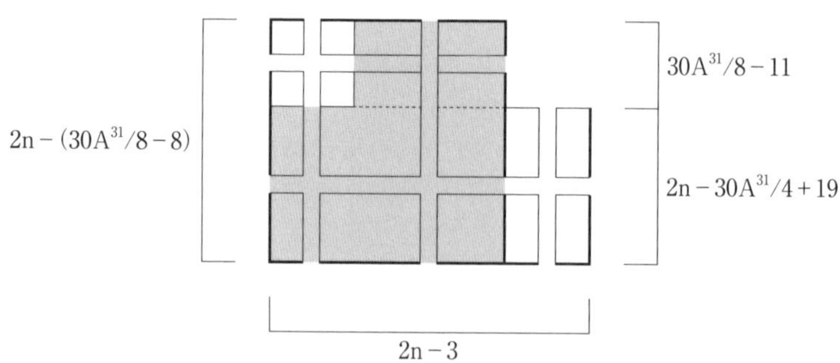

図10-30　A^{31}脚素数の一般解
代表値；$2\grave{n}-(30A^{31}/8-8)$　最最長脚；$\pm(30A^{31}/8-11)$

□表10-31　A^{31}脚素数～A^{32}脚素数

多脚素数	代表値	最最長脚
$2^{496}=A^{31}$	$2\grave{n}-(30A^{31}/2^3-8)$	$\pm(30A^{31}/2^3-11)$
$2^{497}=2A^{31}$	$2\grave{n}-(30A^{31}/2^2-8)$	$\pm(30A^{31}/2^2-11)$
$2^{498}=2^2A^{31}$	$2\grave{n}-(30A^{31}/2-8)$	$\pm(30A^{31}/2-11)$
$2^{499}=2^3A^{31}$	$2\grave{n}-(30A^{31}-8)$	$\pm(30A^{31}-11)$
$2^{500}=2^4A^{31}$	$2\grave{n}-(2*30A^{31}-8)$	$\pm(2*30A^{30}-11)$
$2^{501}=2^5A^{31}$	$2\grave{n}-(2^2*30A^{31}-8)$	$\pm(2^2*30A^{31}-11)$
$2^{502}=2^6A^{31}$	$2\grave{n}-(2^3*30A^{31}-8)$	$\pm(2^3*30A^{31}-11)$
$2^{503}=2^7A^{31}$	$2\grave{n}-(2^4*30A^{31}-8)$	$\pm(2^4*30A^{31}-11)$
$2^{504}=2^8A^{31}$	$2\grave{n}-(2^5*30A^{31}-8)$	$\pm(2^5*30A^{31}-11)$
$2^{505}=2^9A^{31}$	$2\grave{n}-(2^6*30A^{31}-8)$	$\pm(2^6*30A^{31}-11)$
$2^{506}=2^{10}A^{31}$	$2\grave{n}-(2^7*30A^{31}-8)$	$\pm(2^7*30A^{31}-11)$
$2^{507}=2^{11}A^{31}$	$2\grave{n}-(2^8*30A^{31}-8)$	$\pm(2^8*30A^{31}-11)$
$2^{508}=2^{12}A^{31}$	$2\grave{n}-(2^9*30A^{31}-8)$	$\pm(2^9*30A^{31}-11)$
$2^{509}=2^{13}A^{31}$	$2\grave{n}-(2^{10}*30A^{31}-8)$	$\pm(2^{10}*30A^{31}-11)$
$2^{510}=2^{14}A^{31}$	$2\grave{n}-(2^{11}*30A^{31}-8)$	$\pm(2^{11}*30A^{31}-11)$
$2^{511}=2^{15}A^{31}$	$2\grave{n}-(2^{12}*30A^{31}-8)$	$\pm(2^{12}*30A^{31}-11)$
$2^{512}=A^{32}$	$2\grave{n}-(30A^{32}/8-8)$	$\pm(30A^{32}/8-11)$

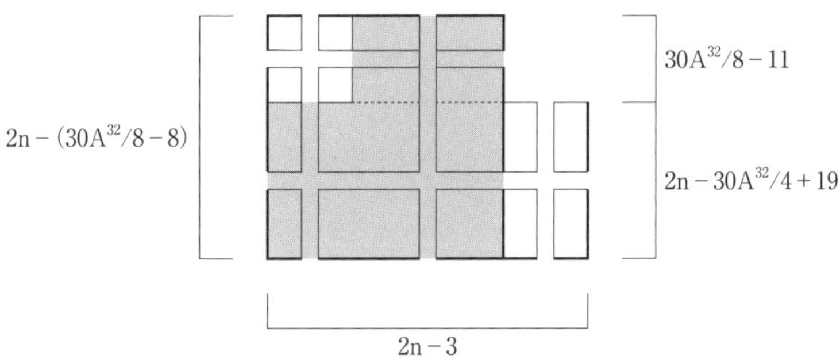

図10-31　A^{32}脚素数の一般解
代表値；$2\grave{n}-(30A^{32}/8-8)$　最最長脚；$\pm(30A^{32}/8-11)$

□表10-32（別表1） A脚素数～ A^A 脚素数

多脚素数	代表値	最最長脚
$2^{16}=A$	$2\grave{n}-(30A/8-8)$	$\pm(30A/8-11)$
$2^{32}=A^{2}$	$2\grave{n}-(30A^{2}/8-8)$	$\pm(30A^{2}/8-11)$
$2^{64}=A^{4}$	$2\grave{n}-(30A^{4}/8-8)$	$\pm(30A^{4}/8-11)$
$2^{128}=A^{8}$	$2\grave{n}-(30A^{8}/8-8)$	$\pm(30A^{8}/8-11)$
$2^{256}=A^{16}$	$2\grave{n}-(30A^{16}/8-8)$	$\pm(30A^{16}/8-11)$
$2^{512}=A^{32}$	$2\grave{n}-(30A^{32}/8-8)$	$\pm(30A^{32}/8-11)$
$2^{1,024}=A^{64}$	$2\grave{n}-(30A^{64}/8-8)$	$\pm(30A^{64}/8-11)$
$2^{2,048}=A^{128}$	$2\grave{n}-(30A^{128}/8-8)$	$\pm(30A^{128}/8-11)$
$2^{4,096}=A^{256}$	$2\grave{n}-(30A^{256}/8-8)$	$\pm(30A^{256}/8-11)$
$2^{8,192}=A^{512}$	$2\grave{n}-(30A^{512}/8-8)$	$\pm(30A^{512}/8-11)$
$2^{16,384}=A^{1,024}$	$2\grave{n}-(30A^{1,024}/8-8)$	$\pm(30A^{1,024}/8-11)$
$2^{32,768}=A^{2,048}$	$2\grave{n}-(30A^{2,048}/8-8)$	$\pm(30A^{2,048}/8-11)$
$2^{65,536}=A^{4,096}$	$2\grave{n}-(30A^{4,096}/8-8)$	$\pm(30A^{4,096}/8-11)$
$2^{2A}=A^{8,192}$	$2\grave{n}-(30A^{8,192}/8-8)$	$\pm(30A^{8,192}/8-11)$
$2^{4A}=A^{16,384}$	$2\grave{n}-(30A^{16,384}/8-8)$	$\pm(30A^{16,384}/8-11)$
$2^{8A}=A^{32,768}$	$2\grave{n}-(30A^{32,768}/8-8)$	$\pm(30A^{32,768}/8-11)$
$2^{16A}=A^{A}$	$2\grave{n}-(30A^{A}/8-8)$	$\pm(30A^{A}/8-11)$

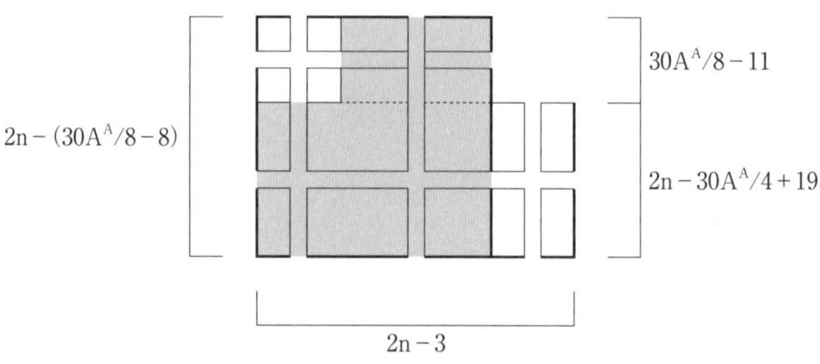

図10-32 A^A 脚素数の一般解
代表値；$2\grave{n}-(30A^{A}/8-8)$ 最最長脚；$\pm(30A^{A}/8-11)$

□表10-33（別表2） A^{A}脚素数〜 $A<A^{2}>$脚素数

多脚素数	代表値	最最長脚
$2^{16A}=A^{A}$	$2\grave{n}-(30A^{A}/8-8)$	$\pm(30A^{A}/8-11)$
$2^{32A}=A^{2A}$	$2\grave{n}-(30A^{2}/8-8)$	$\pm(30A^{2}/8-11)$
$2^{64A}=A^{4A}$	$2\grave{n}-(30A^{4}/8-8)$	$\pm(30A^{4}/8-11)$
$2^{128A}=A^{8A}$	$2\grave{n}-(30A^{8}/8-8)$	$\pm(30A^{8}/8-11)$
$2^{256A}=A^{16A}$	$2\grave{n}-(30A^{16}/8-8)$	$\pm(30A^{16}/8-11)$
$2^{512A}=A^{32A}$	$2\grave{n}-(30\Lambda^{32}/8-8)$	$\pm(30A^{32}/8-11)$
$2^{1,024A}=A^{64A}$	$2\grave{n}-(30A^{64}/8-8)$	$\pm(30A^{64}/8-11)$
$2^{2,048A}=A^{128A}$	$2\grave{n}-(30A^{128}/8-8)$	$\pm(30A^{128}/8-11)$
$2^{4,096A}=A^{256A}$	$2\grave{n}-(30A^{256}/8-8)$	$\pm(30A^{256}/8-11)$
$2^{8,192A}=A^{512A}$	$2\grave{n}-(30A^{512}/8-8)$	$\pm(30A^{512}/8-11)$
$2^{16,384A}=A^{1,024A}$	$2\grave{n}-(30A^{1,024}/8-8)$	$\pm(30A^{1,024}/8-11)$
$2^{32,768A}=A^{2,048A}$	$2\grave{n}-(30A^{2,048}/8-8)$	$\pm(30A^{2,048}/8-11)$
$2^{AA}=A^{4,096A}$	$2\grave{n}-(30A^{4,096}/8-8)$	$\pm(30A^{4,096}/8-11)$
$2^{2AA}=A^{8,192A}$	$2\grave{n}-(30A^{8,192}/8-8)$	$\pm(30A^{8,192}/8-11)$
$2^{4AA}=A^{16,384A}$	$2\grave{n}-(30A^{16,384}/8-8)$	$\pm(30A^{16,384}/8-11)$
$2^{8AA}=A^{32,768A}$	$2\grave{n}-(30A^{32,768}/8-8)$	$\pm(30A^{32,768}/8-11)$
$2^{16AA}=A^{AA}=A<A^{2}>$	$2\grave{n}-(30A<A^{2}>/8-8)$	$\pm(30A<A^{2}>/8-11)$

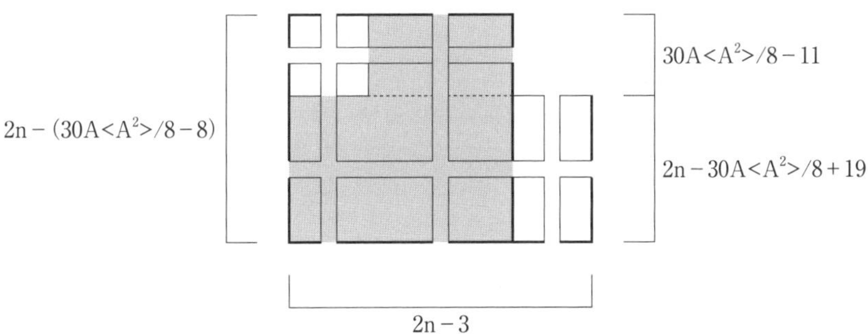

図10-33　$A<A^{2}>$脚素数の一般解
代表値；$2\grave{n}-(30A<A^{2}>/8-8)$　最最長脚；$\pm(30A<A^{2}>/8-11)$

著者プロフィール

藤上 輝之（ふじかみ てるゆき）

芝浦工業大学名誉教授
工学博士・一級建築士・建築コスト管理士

1937年生まれ
1956年　東京都立武蔵丘高校卒業
1960年　東京都立大学工学部・建築学科卒業

（公社）日本建築積算協会・第七代会長
趣味：関西棋院（囲碁）アマ八段

著書に『建築経済』共訳（1968、鹿島研究所出版会）
『建築現場実用語辞典』共著（1988、井上書院）
『建築技術者になるには』共著（1998、ぺりかん社）
『図解「素数玉手箱」』単著（2018、文芸社）等がある。

続・図解「素数玉手箱」

2023年1月15日　初版第1刷発行

著　者　藤上 輝之
発行者　瓜谷 綱延
発行所　株式会社文芸社
〒160-0022　東京都新宿区新宿1－10－1
電話 03-5369-3060（代表）
03-5369-2299（販売）

印刷所　株式会社フクイン

ISBN978-4-286-28085-1